大展好書　好書大展
品嘗好書　冠群可期

大展好書　好書大展
品嘗好書　冠群可期

熱門新知 3

圖解 腦與心的構造

永田和哉／主編
小野瀨健人／著
林碧清／譯

品冠文化出版社

前言

近來年電腦技術日益進步，現在很多小學生都會使用高性能的電腦上網。個人電腦的能力相當的厲害，記憶力和記憶速度似乎都是普通人無法達到的能力，相信大家都了解這一點。

相反的，對於無法被學習（無法設計出程式）的問題的處理能力或高度判斷力等，電腦還是遠不及人腦。這讓我們驚訝的感覺到，腦這個臟器的能力實在是深不可測。

我治療腦部疾病已經二十多年，發現記憶這個構造有很多是電腦根本就趕不上的。例如，最近認為10GB的硬碟容量是理所當然的，但是，人腦的記憶力比這種高性能電腦優秀不止數千倍。人類從一出生就記得很多東西，而且會把過去的記憶組合起來，創造出解決新問題的方法。

肚子餓、喜歡別人、對討厭的經驗會產生不快的感覺等精神機能，也全都是來自於腦的作用。攝食、睡眠以及生殖等稱為本能的能力，事實上，腦已經經由基因輸入了這些本能的行動程式。最近醫學有了顯著的進步，已經了解到這些機能是存在於腦的什麼部位，並且與哪些部位保持聯絡來進行的。

另方面，關於最近駭人聽聞的社會事情，例如長期監禁少女，或攔截巴士殺傷無辜的乘客等事件，發現加害者的行為也是出自於腦的作用。但是，常人無法接受的精神狀態不見得是腦壞掉才引起的。解剖精神障礙者的腦，發現在形態上和正常的腦並沒有什麼差距。

那麼，為什麼同樣是腦，卻會脫離正常的功能而展現脫軌的行動命令呢？

這和形成腦的一個個細胞及其聯絡構造有關。如果這些神經同志之間的連結不順暢，就可能引起精神分裂症或憂鬱症等所謂的心病。最近藉著調整神經的聯絡狀態就能產生效果的藥物也登場了，精神醫學的領域有著相當顯著的進步。

本書將焦點放在腦與心的關係，同時用簡單明瞭的方式整理敘述最近醫學進步的實況。

人類腦的構造相當複雜精緻，在我還是醫科學生的時候，對我而言，腦的解剖是最困難的領域。身為腦神經外科醫生，二十多年以來持續進行腦部疾病的治療，但是直到現在，在進行腦的細微解剖手術之前，仍然要多學習。

尤其像腦的外傷或腦溢血等使得腦的一部分受損時，患者會呈現各種神經症狀。只不過如豆粒般大的障礙，卻會造成嚴重的精神障礙或意識障礙。而相反的，有的患者即使切除了大範圍的腦，可是卻幾乎無症狀，能夠過著正常的社會生活。

關於腦的機能的局部表現，我們實在難以了解。但相反的，又好像拼圖組合一樣，只要了解一個機能，就能夠了解依序相關的事項，所以是非常有趣的學問。關於腦這個深遠的世界，希望大家都保持關心的態度，並且在這個拼圖遊戲中找出一些興趣來，這將是主編最大的喜悅。

主編永田　和哉

目錄

PART 1

腦的構造

以解剖學的觀點來看封閉在顱骨內的腦的構造與機能

PART 2

腦的發達

揭開反覆生成與淘汰而形成的腦的發達的神秘面紗

PART 3

腦的機能

會記憶、會說話……探索緻密機能的神奇！

PART 4

心與腦的關係

「心」的動態與「腦」的作用具有微妙的關係

PART 5

腦與心會生病

探索各種精神疾病及阿茲海默型痴呆侵襲腦的原因

PART 6

腦可以控制嗎？

廣告宣傳所造成的心靈控制效果以及藥物治療的作用

以解剖學的觀點來看封閉在顱骨內的

腦的構造與機能！

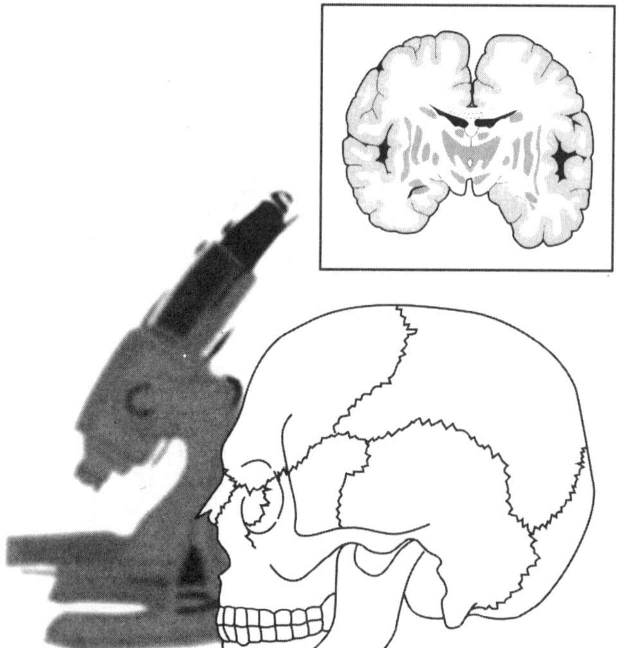

PART 1

腦的構造

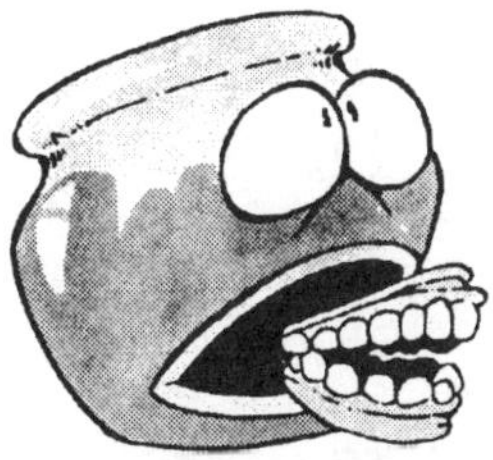

1 腦原本的構造

由大腦和小腦構成的腦的構造

☆「腦」靠三個膜與髓液保護

人類的腦由四個部分所構成，即「右腦」、「左腦」這一對大腦半球，還有與脊髓相連的「腦幹」以及在腦幹後方的「小腦」。佔腦將近九成面積的是大腦半球。腦的重量方面，男性為一三五〇～一四〇〇公克，女性為一二〇〇～一二五〇公克。平均男性約多了一五〇公克，不過腦的重量和聰明與否毫無關係。

腦較柔軟，因此是不耐撞擊的臟器，整體由顱骨來保護。在顱骨內側的是「硬膜」，其下方是「蛛網膜」，緊緊包住腦表面的則是「軟膜」，腦即藉著這三個膜來加以保護。在蛛網膜和軟膜之間的透明髓液，則保護腦免於外部的衝擊。

記憶事物或思考的部分，則是覆蓋在大腦半球表面，稱為「外套」的層。薄薄膚色的「大腦皮質（灰質）」層聚集了神經細胞（神經元），互相傳遞無數信號，同時對於身體送出運動的指示。在大腦皮質內側傳遞神經細胞信號的神經纖維集合成束，稱為「髓質（白質）」，在腦的中心部則是「大腦基底核（殼、蒼白球、尾狀核）」，還有「丘腦、丘腦下部（間腦）」、「中腦」、「腦橋」、「延髓」，總稱為「腦幹」，整體互助合作完成大腦的機能。

腦的整體構造

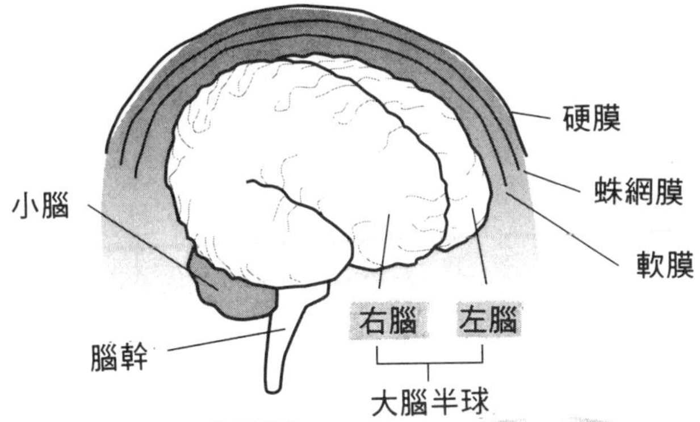
硬膜
蛛網膜
軟膜
小腦
右腦
左腦
腦幹
大腦半球

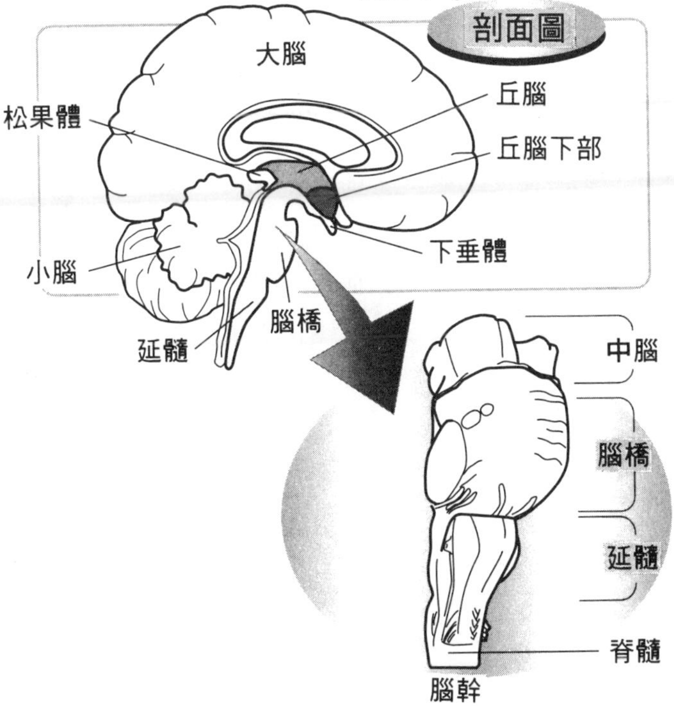
剖面圖
大腦
丘腦
松果體
丘腦下部
下垂體
小腦
腦橋
延髓
中腦
腦橋
延髓
脊髓
腦幹

2 小腦與大腦有何不同？

分為「舊小腦」與「新小腦」的小腦構造及其功能

☆小腦擁有大腦七倍以上的神經細胞

小腦是中央陷凹的長圓體形，隱藏在大腦半球的「枕葉」下方的位置。小腦由其功能，可分爲「舊小腦」與「新小腦」。

舊小腦連低等生物也有，因此稱爲「蚓部」，做出保持身體平衡的指示。新小腦則接受來自大腦皮質或脊髓延伸過來的神經纖維的部分，讓肌肉展現意識運動。

小腦的重量爲大腦的十分之一，但是若論神經細胞的數目，大腦爲一四〇億個，小腦則達到一千億個以上。

小腦皮質的厚度爲〇・五毫米，只有大腦皮質的四分之一，但是表面積爲八〇〇平方公分，其範圍達大腦皮質的四五%。

小腦皮質的構造與大腦皮質不同。小腦皮質由五個細胞和三個纖維所構成。小腦皮質一平方毫米中有「浦肯野氏細胞」五百個、「高爾基細胞」五十個、「籃狀細胞」六百個、「星形細胞」六百個、「顆粒細胞」五十萬個，相當的緻密。

一個浦肯野氏細胞有二十五萬到一百萬條的「苔狀纖維」，各自與八萬條的「平行纖維」連接。而「爬行纖維」則是一個浦肯野氏細胞與一條爬行纖維相連，但是卻

小腦的構造

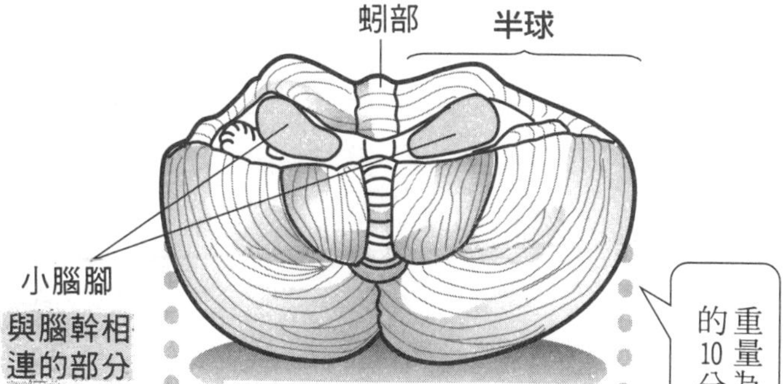
重量為大腦的10分之1

從前下方看到的小腦

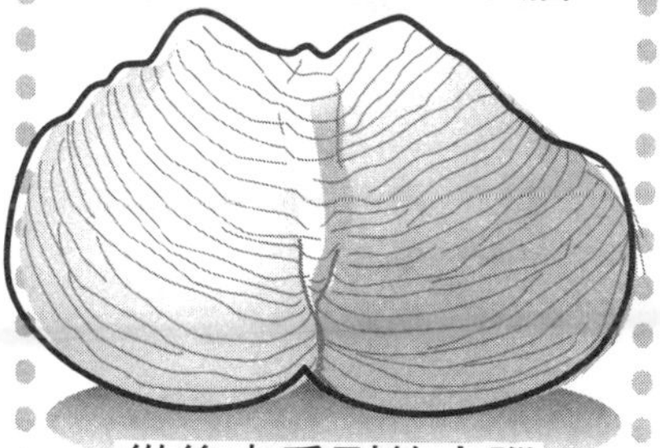

從後方看到的小腦

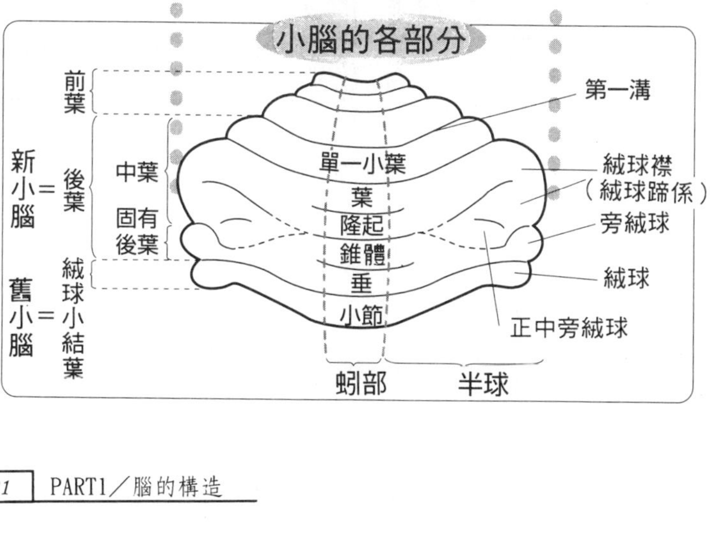

有二千~三千個「突觸」（與其他細胞之間進行信號傳遞的接點）。

小腦大約有一千五百萬個浦肯野氏細胞，五百個爲一單位。因此，小腦皮質可以分成三萬個小單位，構成使身體順暢活動的系統。

☆小腦的意外作用

以往的定論認爲小腦的作用只限於運動方面。而現在則發現在精神要素方面也具有很大的作用。

讓腦受損的患者看「蛋糕」、「樹木」、「金錢」的卡片，進行回答出相關動詞的簡單測驗。例如，如果卡片上畫的是「蛋糕」，則應該回答「吃」或「買」。如果卡片上畫的是「樹木」，則應該回答「爬」、「種植」、「砍伐」等。小腦受損的患者，對於這些簡單的問題無法正確的解答。這個測驗的結果顯示，人在思考時，必須有小腦時時幫助大腦發揮作用。

此外，「頂聯合區」或「顳聯合區」萎縮的阿茲海默症患者，毫無例外的，都是小腦會旺盛的活動。阿茲海默症患者，幾乎全都出現這個現象，也就是小腦可以代替機能受損的大腦，發揮認識、記憶及思考等作用。

小腦不光是能夠將人類所有的運動加以形態化以順暢的進行運動，同時也能夠和大腦合爲一體，控制身心。

小腦皮質的細胞構造

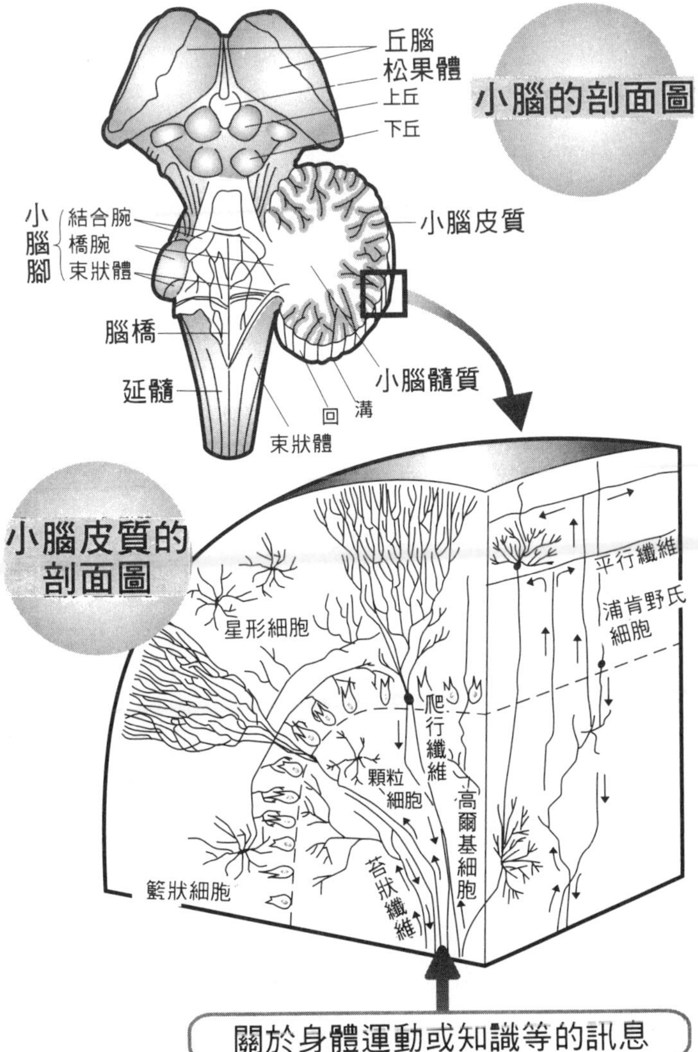

小腦的剖面圖
丘腦
松果體
上丘
下丘
小腦皮質
小腦腳
結合腕
橋腕
束狀體
腦橋
延髓
束狀體
回
溝
小腦髓質
小腦皮質的剖面圖
星形細胞
平行纖維
浦肯野氏細胞
爬行纖維
顆粒細胞
高爾基細胞
苔狀纖維
籃狀細胞
關於身體運動或知識等的訊息

3 大腦皮質的三層腦所具有的作用

五感等身體所有的機能都由腦來分業統籌管理

☆功能不同的三個腦

大腦皮質有功能完全不同的「爬蟲類型」、「舊哺乳類型」、「新哺乳類型」三種腦共存。受精卵變成胎兒在母親體內成長時，隨著生物的進化依序發達的三個腦，各自具有不同的任務，進行身體所有機能的分業統籌工作。

初期的胎兒，形成的是最原始的腦，亦即爬蟲類型的腦「古皮質」。接著產生舊哺乳類型的腦「舊皮質」，最後則是新哺乳類型的腦「新皮質」迅速發達，好像把古皮質和舊皮質包在中央似的。新皮質由六層所構成，而由三層所構成的古皮質與舊皮質則稱爲「異皮質」。

原始的爬蟲類型腦（古皮質）在「海馬」和「梨狀葉」等顳葉深部較多。舊哺乳類型的腦（舊皮質）則在「扣帶回」等古皮質與新皮質的中間區域。古皮質、舊皮質以及皮質下的扁桃體和隔核等，總稱爲「大腦邊緣系」。

腦的機能分化得相當進步，主要是由新皮質掌管語言、音樂、繪畫等創作活動以及高度的運動機能，大腦邊緣系則自律性的調節內臟，控制本能及感情。從這樣的進化過程來看，愈是後來形成的腦，愈使人類得到眾多新的機能。

構成大腦的3個皮質

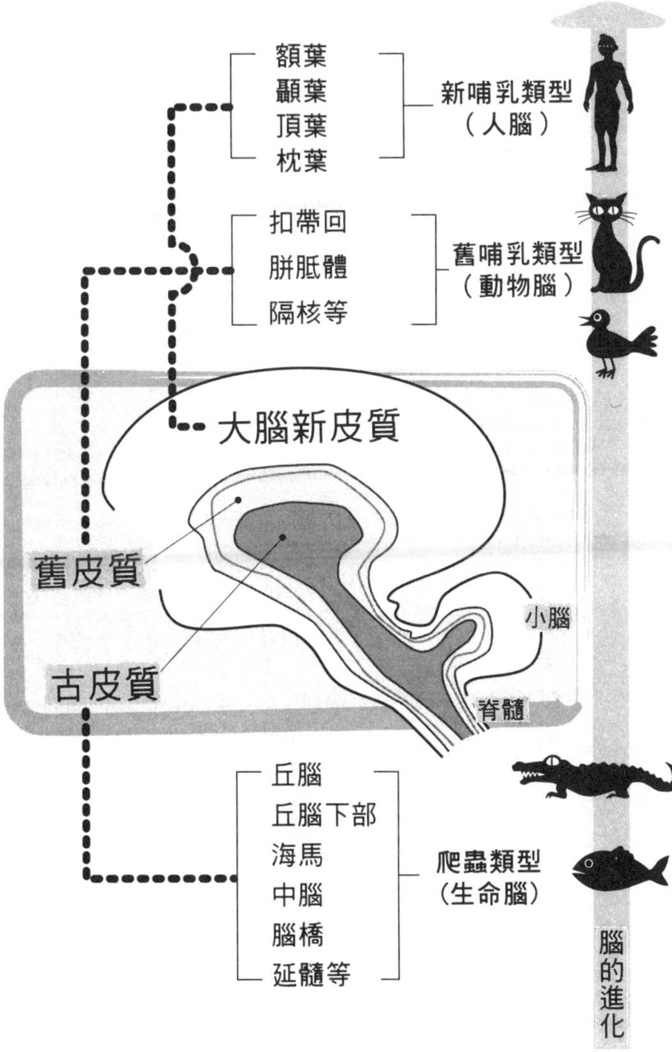

額葉
顳葉
頂葉
枕葉
新哺乳類型
（人腦）
扣帶回
胼胝體
隔核等
舊哺乳類型
（動物腦）
大腦新皮質
舊皮質
古皮質
小腦
脊髓
丘腦
丘腦下部
海馬
中腦
腦橋
延髓等
爬蟲類型
(生命腦)
腦的進化

☆「古皮質」掌管本能慾望，「舊皮質」掌管感情，「新皮質」負責創造

學會語言會說話、創造高度機械等，人類的這些活動，都是由新皮質的腦來支配的。觸感或疼痛等接受來自身體感覺器官的信號，下達運動指令，或是認識眼睛看到的映像等，也是新皮質的作用。

古皮質和舊皮質負責的，則是稱爲本能的生命活動。古皮質感覺到食慾、性慾，發揮維持個體、保存種族的本能機能。舊皮質則會控制「憤怒」、「恐懼」或「攻擊敵人」等感情。

新皮質形成的意識，是本人有意想出來的，因此稱爲「明白的意識」。而在本人不自覺的情況之下由舊皮質、古皮質所形成的本能意識，則稱爲「單純的意識」。

三個不同皮質所產生的作用分爲「明白意識」和「單純意識」。雖然作用不同，但是會互相造成影響，互相攜手合作，經常保持密切的關係。

例如，十分煩惱而無法解決的時候，會損傷「單純意識」，有時甚至會引起嚴重的疾病，此時擁有「明白意識」的新皮質也無法旺盛的活動。

相反的，當舊皮質和古皮質能夠旺盛的活動時，負責創造的新皮質也能夠旺盛的發揮作用。作家在談戀愛時更能夠創作出傑作來，理由就在於此。

「大腦邊緣系」的構造

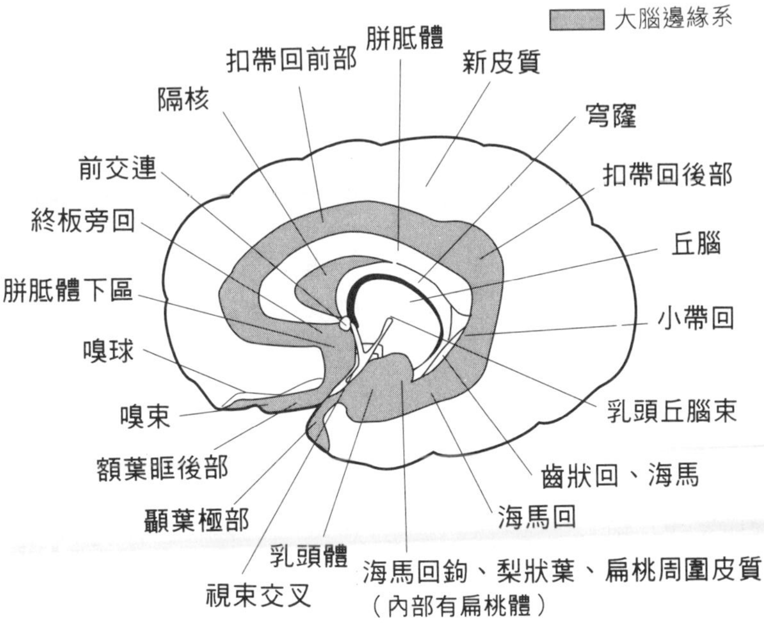
大腦邊緣系
胼胝體
扣帶回前部
新皮質
隔核
穹窿
前交連
扣帶回後部
終板旁回
丘腦
胼胝體下區
小帶回
嗅球
乳頭丘腦束
嗅束
額葉眶後部
齒狀回、海馬
顳葉極部
海馬回
乳頭體
海馬回鉤、梨狀葉、扁桃周圍皮質
（內部有扁桃體）
視束交叉

調節自律神經，展現攝食及生殖等本能的行動，同時擁有愉快、不愉快等情緒，以及記憶、學習等機能。腦與維持生命及保存種族的關係密切。

4 人類受腦支配到何種地步？

腦一旦受損，即使眼睛看得到也會變成盲人，即使耳朵聽得到也會變成聾啞者

☆腦的重要機能各自分布在各個「聯合區」

大腦由稱爲腦溝的深溝分爲四大部分。大腦在正中央附近被中央溝分隔開來。前面的部分稱爲「額葉」，後面部分的上方稱爲「頂葉」，下方的頂枕裂溝之後稱爲「枕葉」，而斜走於大腦側面顳裂溝以下則稱爲「顳葉」，總共有四葉（四領域）。

此外，又分爲「額聯合區」、「顳聯合區」、「頂聯合區」三個聯合區，以及「運動區」、「體性感覺區」、「聽覺區」、「視覺區」等，各自具有重要的任務。

聯合區是處理一些資訊而統括發揮作用的地方。

首先，由頂聯合區將來自於體系感覺區和視覺區的訊息組合起來，認識自己的身體以及周圍的情況。頂聯合區可以認識手取得的東西的大小、肌膚的觸感、眼睛可以看到的距離感，以及上下左右的位置關係。

此區一旦受損，就會失去觸覺，無法按照指示展現動作，而且不知道自己身在何處。即使感覺正常，但是，腦卻無法做出正確的判斷。

其次是顳聯合區，它接受來自聽覺區和視覺區的音、形、色等信號，進行音、形、色的訊息處理。同時也經常和在內側部位的古皮質的「海馬」取得聯絡，具有貯藏

大腦的四葉三聯合區的區分

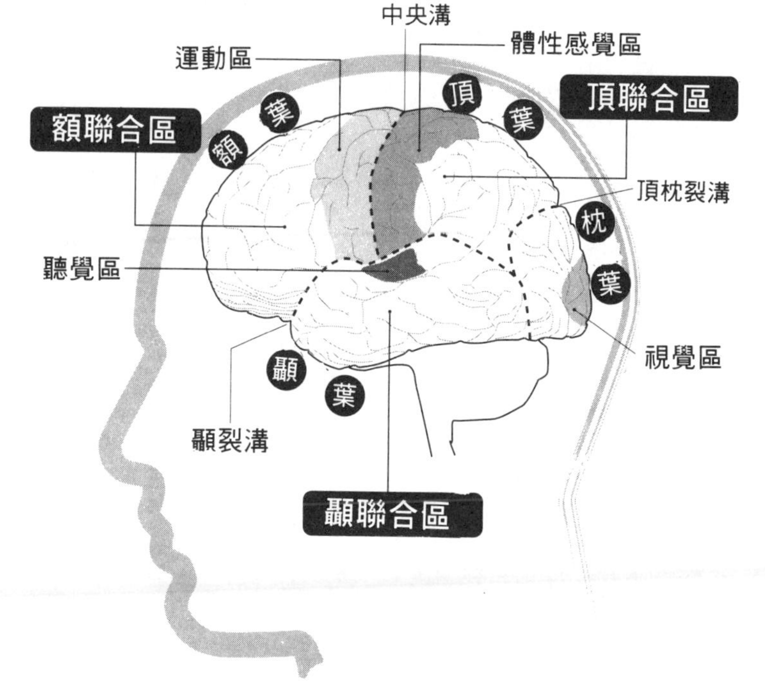

長期記憶的作用。一旦此區受損，即使鼓膜正常、感覺得到聲音，但是，左腦卻無法判斷顳聯合區有稱爲「韋尼克區」的語言中樞，發揮說話或理解話語的機能。

一旦韋尼克區無法發揮機能，則不但聽不懂別人說的話，自己也無法說出有意義的話來。

不管哪一個部位的新皮質，都和身體的感覺器官密切聯繫發揮機能。例如，視覺區受損時，即使眼球和視網膜正常，可是視覺區的神經細胞卻無法認識看到的東西。即使眼球能夠正常發揮作用，可是卻像盲人一樣什麼都看不到。

☆額聯合區支撐「像人類的行為」

額聯合區在三個聯合區當中，具有最高度的作用。

不光是所有的感覺訊息集中於此，甚至頂聯合區和顳聯合區的訊息，以及古皮質的「海馬」、「扁桃體」、「扣帶回」等大腦邊緣系也和它有密切的關係。這是因爲古皮質的神經細胞（神經元）所產生的大量纖維聚集在此的緣故。

額聯合區能夠將自己身體所有的感覺、周圍狀況的相關訊息、古老記憶的資料以及喜怒哀樂的判斷等集合起來，加以統合，決定自己接下來要展現的行動，或者是發揮創造新事物的作用。

有的學者認爲額葉從事精神活動，一旦額聯合區受損，則「缺乏積極性」、「自發行動較少」、「不關心周遭事物」、「情緒起伏激烈」、「沒有計劃性」等症狀都會出現。也就是說，人性會受損。別說無法創造新事物，甚至無法寫文章。

高度的感知能力、認識力、判斷力、創造力是由大腦的新皮質來支撐的，其中最能發揮作用的就是額聯合區。人在生活中所需的喜怒哀樂或性慾、食慾等，以某種意義來說，甚至控制人性根本的，就是在大腦內側的「丘腦下部」或「扁桃體」等古皮質、舊皮質構成的大腦邊緣系。人類的所有機能，都是由大腦皮質分業統籌來辦理。也可以說，人類所有的行動都受到腦的支配。

聯合區分擔的任務

額聯合區

掌管與計畫、決定、合理的目的行動有關的「意志」、「創造」、「思考」、「感情」等機能。

頂聯合區

組合立體感覺，接受來自於身體的知覺訊息。掌管「理解」、「認識」、「知覺」等機能。

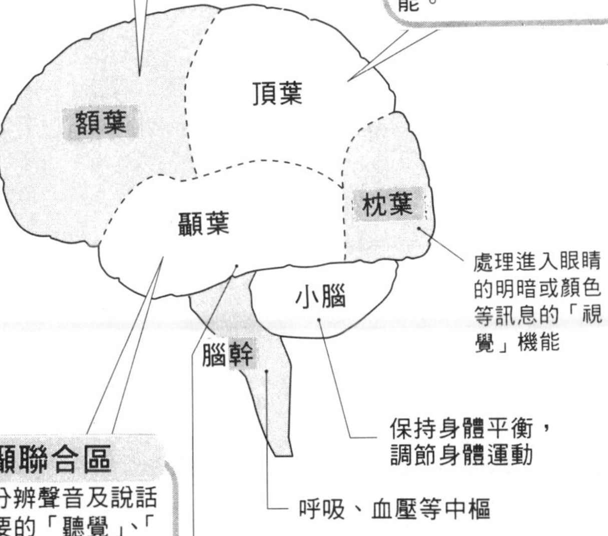

顳聯合區

具有分辨聲音及說話所需要的「聽覺」、「語言」機能，以及「判斷」與「記憶」等重要作用。

間腦（丘腦下部）

和體溫、性行為、食慾或愉快、不愉快等訊息有關。

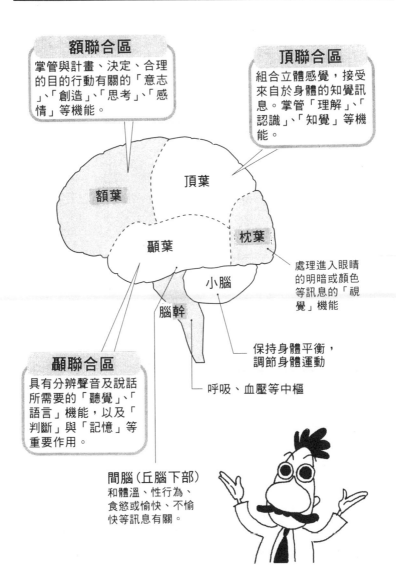

5 觀察神經細胞的構造

腦是由二個細胞及神經纖維、血管所構成的

☆大腦有一四〇億個神經細胞

人在思考時，能夠發揮主要機能的是「神經細胞」。它集中在覆蓋於大腦表面，厚二毫米的大腦皮質上。十九世紀後半期，臨床醫學開始研究腦炎患者的腦。根據艾克諾莫等人的估計，大腦神經細胞在一立方毫米當中大約有十萬個，總共有一四〇億個。電腦中的集成電路的數目至多只有幾千萬個，而人類以嬰兒之身誕生到這個世界的瞬間，就已經形成這麼多的神經細胞。

神經細胞有一四〇億個，容量只達大腦皮質的二・八五%，剩餘的部分則是被細胞數爲神經細胞五倍的「神經膠質細胞」、「血管」以及由神經細胞延伸出來的「神經纖維」所佔據。神經膠質細胞有三種，具有如絕緣體般的作用，以避免遺漏從神經細胞傳達出的信號。血管則具有將營養送達腦各處的重要作用。

每個神經細胞都會貯藏記憶，但是，一個神經無法思考事物。神經細胞經常藉著神經纖維與附近或遠處的細胞取得聯絡，因爲信號流通的方式形態化，所以能夠記住印象或事物。因此，其遍布神經纖維，使得神經信號能夠好好的送達，是非常重要的一點。

「大腦皮質」的構造

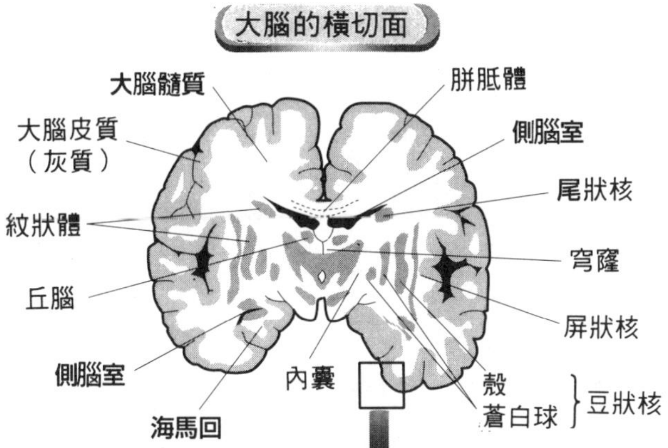
大腦的横切面
大腦髓質
胼胝體
大腦皮質
（灰質）
側腦室
尾狀核
紋狀體
穹窿
丘腦
屏狀核
側腦室
內囊
殼
蒼白球
豆狀核
海馬回

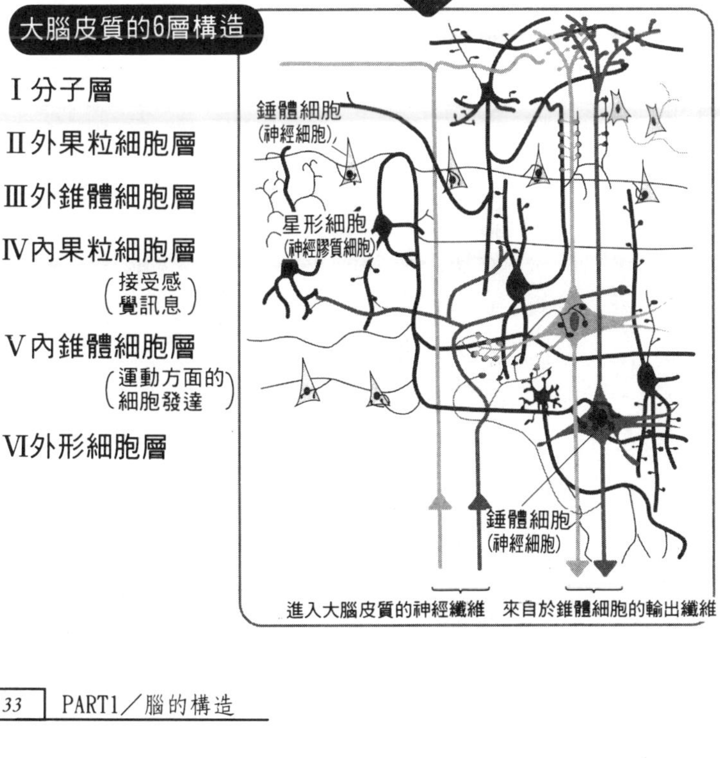
大腦皮質的6層構造
Ⅰ分子層
Ⅱ外果粒細胞層
Ⅲ外錐體細胞層
Ⅳ內果粒細胞層
（接受感覺訊息）
Ⅴ內錐體細胞層
（運動方面的細胞發達）
Ⅵ外形細胞層
錘體細胞
（神經細胞）
星形細胞
（神經膠質細胞）
錘體細胞
（神經細胞）
進入大腦皮質的神經纖維
來自於錐體細胞的輸出纖維

☆神經細胞也有非常長的「枝」

神經細胞是由「細胞體」以及由細胞體延伸出來的「樹突」構成的。就好像大樹樹枝一樣，會分枝延伸。使用這個樹突，可進行神經細胞的訊息傳達。

細胞體的形狀有球形、蛋形、紡錘形等，直徑從數微米（一千分之一毫米）到超過一百微米的大小都有。

細胞體當中有「線粒體」，以及具有網狀構造的「高爾基體（網體）」，還有一個核，以及老年之後容易壞掉的「虎斑小體」。

樹突中有一條相當長的，稱為「軸索」。在一立方毫米的大腦皮質當中塞滿了軸索，總長達十五公里。軸索別名「神經纖維」，較短的有數十微米，較長的達一公尺以上。例如從大腦皮質通過脊髓到達腰髓的軸索，就是長的神經纖維的代表。

朝四面八方延伸的樹突，利用特別長的軸索各自朝向既定的方向延伸。按照各個神經細胞的作用，利用軸索將訊息傳達到關係密切的身體部位。包括額葉、枕葉或語言區、視覺區等處。軸索的末端為繼續分枝的樹突，和「感覺細胞」、「肌肉細胞」、「腺細胞」相連。

軸索的作用，就好像傳遞從神經細胞發出的信號的電話線一樣。當然也有光禿禿的電話線，稱為「無髓纖維」，不過大多是由稱為「髓鞘」的皮膜所覆蓋。髓鞘像維也納香腸一樣有陷凹處，傳送的信號在每一個陷凹處都會一邊跳躍一邊傳送。

神經細胞製造的過程

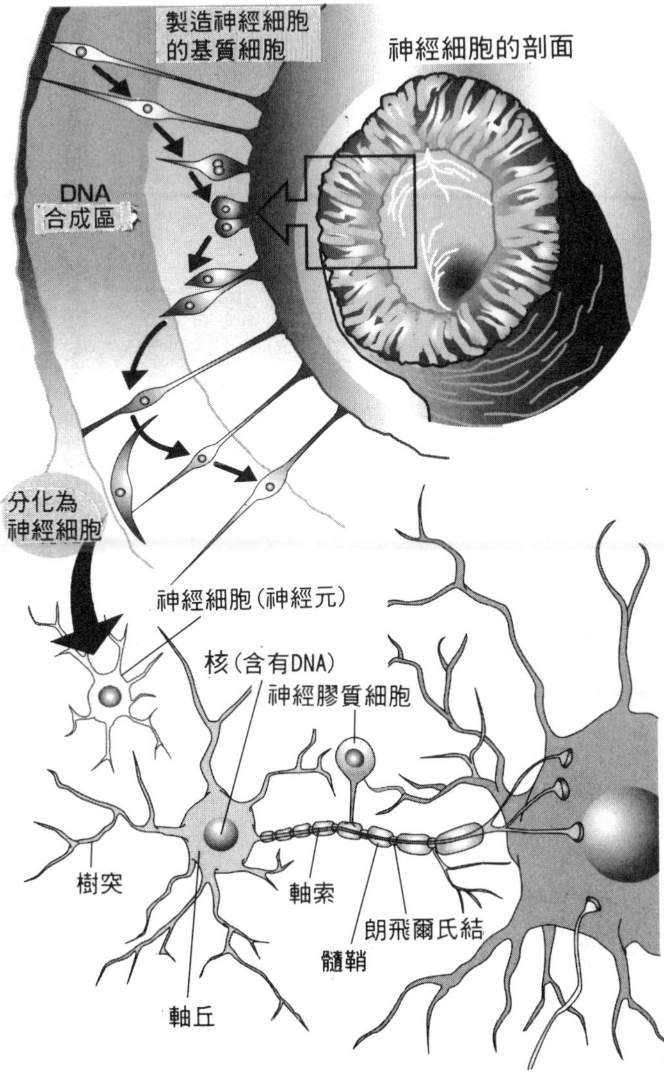

製造神經細胞
的基質細胞
神經細胞的剖面
DNA
合成區
分化為
神經細胞
神經細胞(神經元)
核(含有DNA)
神經膠質細胞
樹突
軸索
朗飛爾氏結
髓鞘
軸丘

6 腦傳遞訊息的構造

藉著神經細胞的網路進行訊息處理

☆神經細胞藉著樹突和軸索形成網路

腦藉著神經細胞的網路，來互相交換訊息，產生高度的作用。腦傳遞訊息的構造如下。

由神經細胞發出的信號，通過長長延伸的「軸索」和「樹突」，傳到其他的神經細胞。神經細胞的信號是一千分之一秒以下的瞬間電位變化。

信號是藉由「神經傳遞質」這種化學物質傳遞到網路末端。其在與其他神經細胞的每個接點都會形成傳遞訊息構造「突觸」，瞬間接收「神經傳遞質」。信號的傳遞速度爲秒速五十公分到一二〇公尺，時速則爲四三二公里，所以，根本感覺不到時間的差異。

接收傳遞質的接點突觸，據說在一個大腦皮質神經細胞中就有八千個以上。也就是，神經細胞不但自己是發信器，同時還具備了八千個接收器。所有神經細胞就具有這種能力，因而建立了相當複雜的網路，支持負責感覺判斷、下達命令的腦的活動。然而神經傳遞質有幾十種，並非所有神經傳遞質的成分都已被了解。

藉著突觸傳遞的信號通常是單向傳達，因此，是直接傳遞從神經纖維接收到的傳

利用突觸傳遞訊息的構造

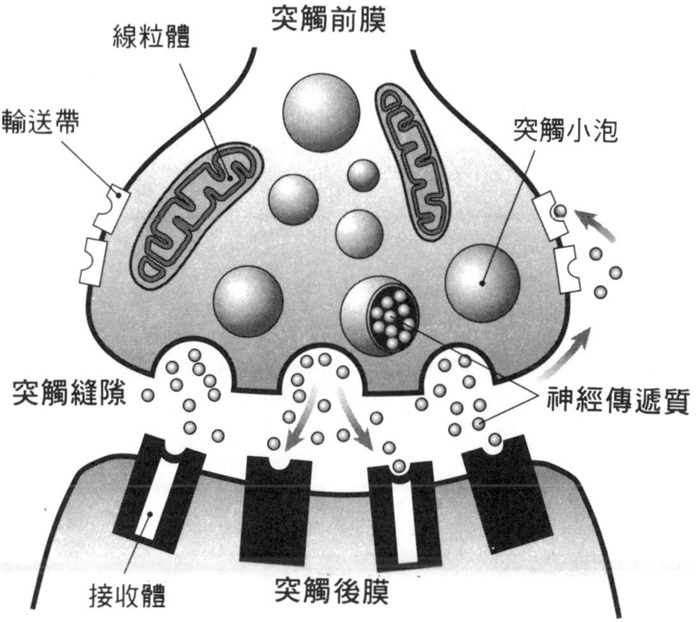

遞質，而送出數次信號之後，突觸前膜中就沒有傳遞質了。

所以，在收到傳遞質之後，立刻就利用分解酵素分解，使得突觸回到縫隙間。

而傳遞質就被吸入前膜表面的「輸送帶」，再次蓄積在突觸小泡內。蓄積的傳遞質依序朝著突觸前膜的方向被推擠出去，而當神經細胞傳送訊息時，就形成了在前膜的突觸小泡彈出的構造。

從腦波可以了解什麼事情？

從神經細胞發出的生物電氣會產生α波、β波

☆腦波的真相及其種類

肌肉和神經纖維發揮作用時會產生電，而腦細胞發揮作用時應該也會產生電位變動，因此發現了腦波。腦波就是由神經細胞發出的微弱電位變化而產生的。

神經細胞發出的信號通過樹突傳遞到其他的神經細胞，利用突觸接點來傳遞傳遞質。在此瞬間，細胞膜張開，細胞膜外較多的鈉離子進入細胞膜內，而細胞膜內的鉀離子則到細胞膜外。

這時細胞膜內的電壓從負變爲正。這個細微的神經細胞活動所產生的微小電位變化，以數十萬、數百萬單位累積下來，就形成腦波。

如果以一秒內的振幅週期來區分腦波，則從較低到較高可分爲δ波（〇・五～三・五赫）、θ波（四～七）、α波（八～十三）、β波（十四～二十五）。大人從事日常活動時的腦波會送出β波，而在睡眠時則變成δ波或θ波。緊張度愈高，腦波的週期就愈高。相反的，如果放鬆下來，週期就愈低。

此外，δ波以嬰兒的腦內較多見，θ波則以二～四歲的幼兒腦內較多見。清醒時的大人腦內會產生α波與β波。大人在坐禪或浮現好的構想時，腦內也會出現α波。

傳遞質的傳遞構圖

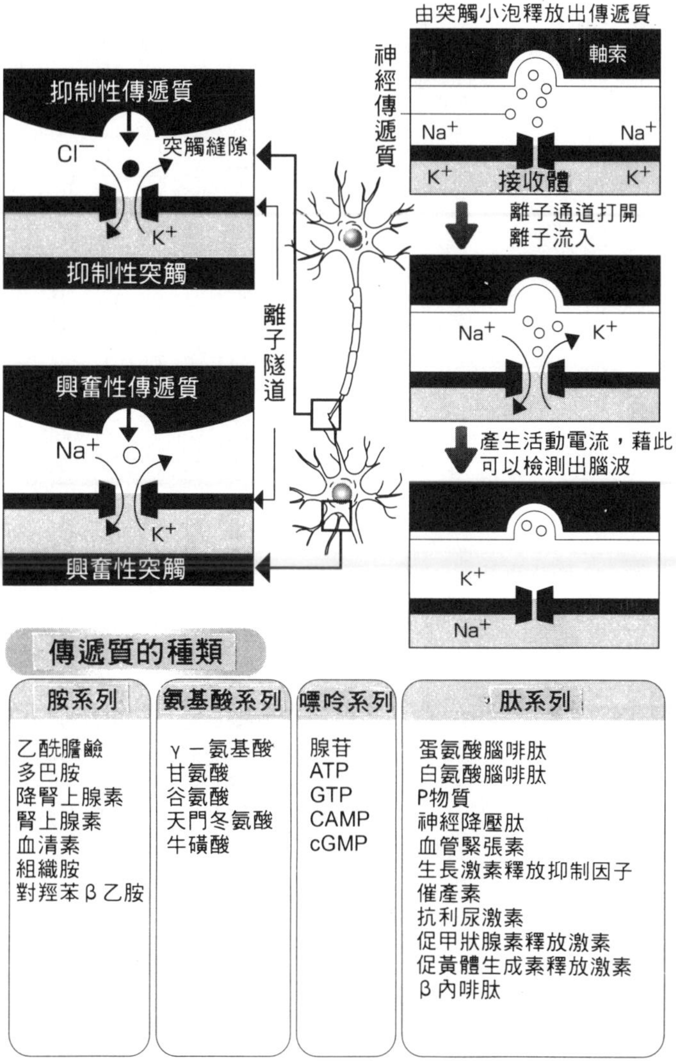

傳遞質的種類

胺系列	氨基酸系列	嘌呤系列	肽系列
乙酰膽鹼	γ－氨基酸	腺苷	蛋氨酸腦啡肽
多巴胺	甘氨酸	ATP	白氨酸腦啡肽
降腎上腺素	谷氨酸	GTP	P物質
腎上腺素	天門冬氨酸	CAMP	神經降壓肽
血清素	牛磺酸	cGMP	血管緊張素
組織胺			生長激素釋放抑制因子
對羥苯β乙胺			催產素
			抗利尿激素
			促甲狀腺素釋放激素
			促黃體生成素釋放激素
			β內啡肽

☆利用腦波的波調可以發現腦腫瘤、癲癇等疾病

在醫療現場調查腦波，是在頭皮上安裝左右對稱的電極來測定的。如果有腦腫瘤、腦的外傷、腦溢血等情況出現時，腦波的規律就會出現不規則的變化，而安裝在頭左右的電極也會出現異常的波形，不需要剖開頭就可以發現腦的異常。

腦波檢查，經常用來進行癲癇、腦障礙或精神障礙的診斷，或是在手術室對於患者麻醉狀態的監視、睡眠感覺、藥效等進行研究。

調查有癲癇症狀的患者的腦波，在沒有發作的時候，腦波計會記錄「棘波」或「銳波」等尖波。和通常呈現鋸齒狀的腦波不同，會出現好像有刺一般的棘波。棘波是只有癲癇病人才會出現的獨特波。如果觀察到棘波，則在癲癇發作之前進行治療，就可以防範發作於未然。

現在由前東京工業大學教授武者利光先生所開發出來的偶極子追蹤法的腦機能解析裝置，可以在頭皮上僅僅誤差二、三毫米的範圍內，觀察出電氣信號是由腦的何處發出的。

在日本只有幾台「腦磁計」這種機械，可以從腦外正確測量出在思考事物時腦的什麼地方流動著什麼樣的腦波。計測機器迅速發達，因此，對於腦的思考途徑及腦的各部位功能能夠做更詳細的調查。像這樣最尖端的機械，在九〇年代之後逐漸導入醫療現場，可以期待今後的研究成果。

腦波測定的最尖端技術的例子

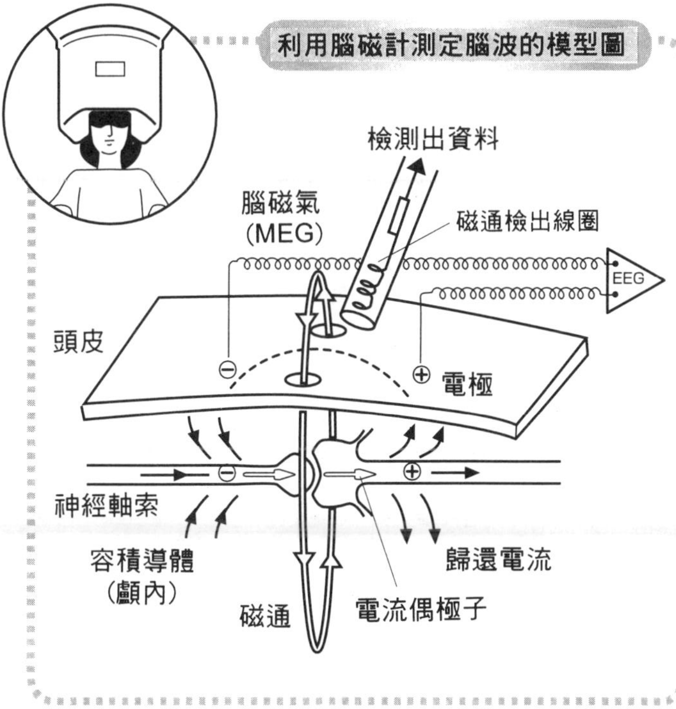

利用腦波測定器無法檢測出來的腦波，可以藉著這個腦磁計來測定，和MRI腦斷層影像組合，能夠測定人類的感覺、知覺及認識的機能是在何處進行的。

8 觀察腦科學研究的歷史

何謂腦科學？研究目的是什麼？

☆腦科學研究的發達是在這五十年內的事

腦的研究，是從希臘羅馬時代對於動物的腦的解剖研究開始的。十六世紀文藝復興時期，進行最初的人類的腦的解剖，但是到了十九世紀中葉，才知道神經細胞的存在。而「神經元」這個名詞的產生，則是十九世紀末以後的事了。

二十世紀初期，英國生理學會提出劃時代的假設，認爲交感神經的神經傳遞質應該是腎上腺素。以此爲開端，世界各地開始進行解析神經傳遞質的研究。大約在四十年後的一九四六年，挪威證明了交感神經的傳遞質是降腎上腺素。

發現這個神經傳遞質之後，以及後來大腦皮質機能局部說的研究，給人一種強烈的印象，認爲腦的研究需要分子生物學的觀點。在二十世紀中葉，腦科學研究迎向一個新的時代。

一九七一年，證明了荷爾蒙或傳遞質和各自既定的接收體結合之後，就會藉著「第二傳遞質」而引起細胞反應，同時也發現了接收傳遞質的接收體。在腦內發揮作用的傳遞質，以及荷爾蒙藥物和藥物接收體的研究，自此開始愈來愈盛行。在美國，原本只有一千名會員的神經科學會，急增爲現在的二萬多人。

腦科學研究的歷史

19世紀末： 浦肯野使用顯微鏡首次觀察神經細胞。高爾基發明了神經細胞的鍍銀染色法，成功的染出了神經細胞的詳細姿態（1898年）。

1904年： 艾利歐特在英國生理學會發表一項假設，認為一旦刺激到達交感神經末端，就會釋放出腎上腺素。但是，這個理論被忽略。

1906年： 迪克遜發現了從迷走神經釋放出來的物質會抑制心臟的跳動。

1920年： 雷威以青蛙心臟做實驗，證明了神經的傳遞是經由化學物質來進行的。

第二次世界大戰期間為空白期

1946年： 歐拉分析交感神經組織中所含的兒茶酚胺，證明了主要傳遞質是降腎上腺素。同一時期，卡哈爾利用電子顯微鏡確認神經組織是藉著神經細胞所構成的單位來展現活動的神經元說。

加速神經傳遞質的研究。

1959年： 佐野圭司和赫尼基威茲等人發現，罹患帕金森氏症的患者腦的一部分的多巴胺非常的少。

對於傳遞質的分布進行化學方面的研究。

1971年： 沙札藍德發現環腺苷酸，了解傳遞質是固定的接收體結合傳遞信號，然後再產生細胞反應的構造。

接下來盛行關於傳遞質、荷爾蒙、藥物接收體的研究。

1987年： 可以進行細胞內的基因操作，製造出欠缺特定基因的老鼠。

1990年： 由於電子技術的發達，可從頭部外側分析腦的各種功能的機器陸續出現。

☆期待今後腦科學有更飛躍的發展

關於神經傳遞質與接收體的分布及個體發生的構造，以生化學及基因工學的手法進行研究是在一九八〇年左右的事情。接收體的研究，在使用放射性同位元素將基因注入卵細胞內的接收體發現實驗等生化學研究手法導入之後，有了相當顯著的進步。以人爲的方式操作在細胞內基因的技術，是在一九八七年確立的，同時也製造出爲了解析腦機能而省略特定基因的「去除基因鼠」。

以前腦科學方面的研究，分爲神經解剖學、神經生理學、神經病理學、神經藥理學、神經化學等各種角度來進行，若要在特殊領域進行研究，以綜合了解腦的高度功能，是辦不到的。現在則將其加以整理，稱爲「神經科學」。

在腦科學方面，明白神經傳遞質與接收體構造及作用已成爲最大的研究主題。除了以往的研究方法之外，並應用顯著進步的最尖端電子工學的機器，爲腦科學的研究開闢出新的道路，可期待今後飛躍的發展。例如，能夠從外部詳細觀察到腦的活動狀態的正子放射斷層法（ＰＥＴ）、核磁共振影像（ＭＲＩ）、超傳導量子元件（ＳＱＵＩＤ）等，爲腦的研究帶來嶄新的方法。

這些腦科學的研究目的，不見得都是爲了醫療。但是了解腦，就能夠了解人的心理作用、身體活動構造，這樣也許就能夠以電腦取代人類的智慧，形成高度的「人工智慧」。在日本，二十年內傾注二兆日圓進行腦研究的大型計畫。關於腦的解析，世界各國仍在研究當中。

腦科學研究的二大目的

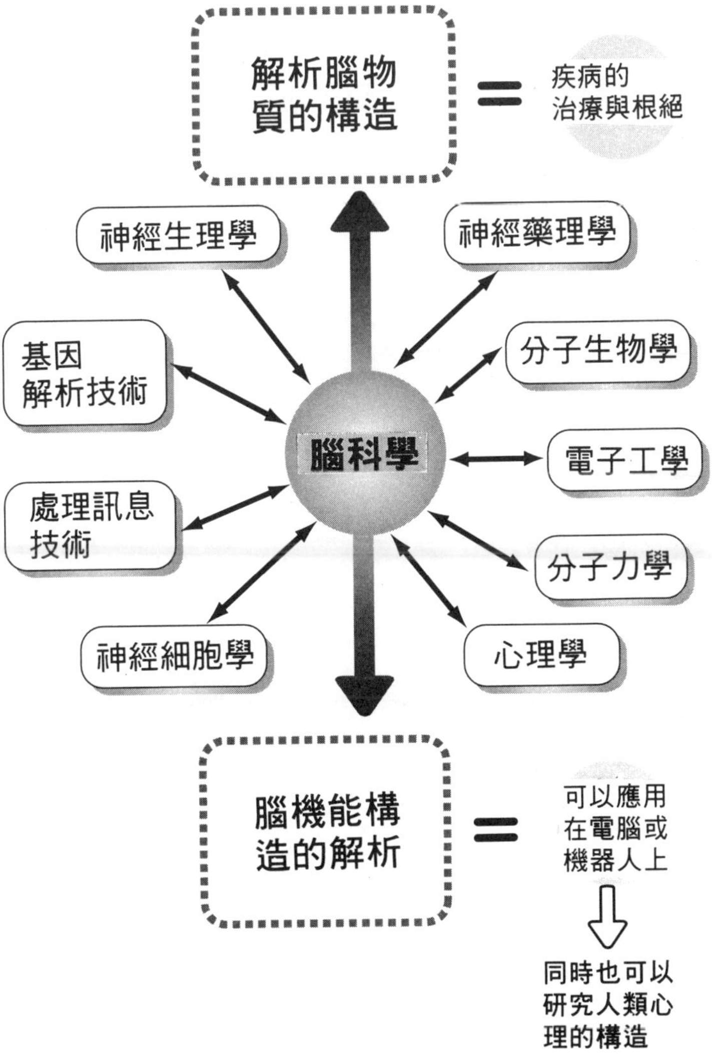
解析腦物質的構造
疾病的治療與根絕
神經生理學
神經藥理學
基因解析技術
分子生物學
腦科學
電子工學
處理訊息技術
分子力學
神經細胞學
心理學
腦機能構造的解析
可以應用在電腦或機器人上
同時也可以研究人類心理的構造

揭開反覆生成與淘汰而形成的
腦的發達的神秘面紗！

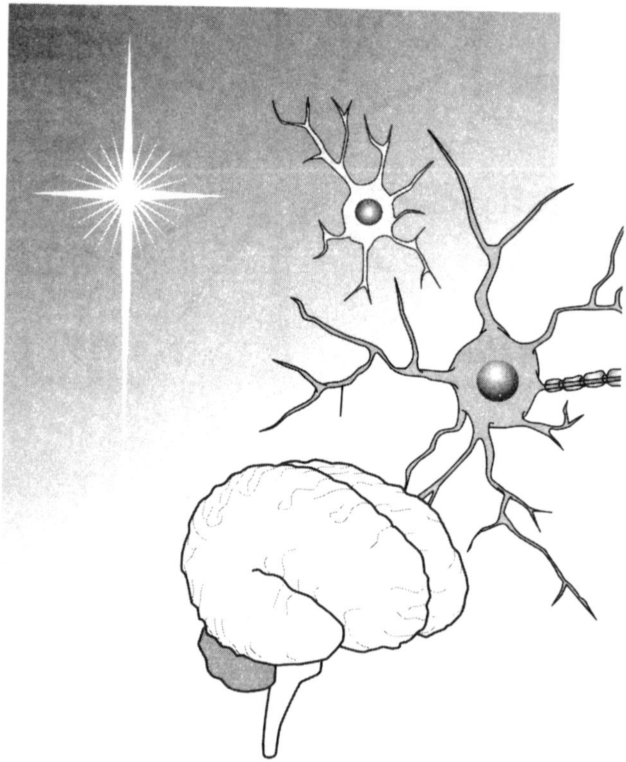

PART 2

腦的發達

1 胎兒的腦形成的構造

追蹤體驗生成與淘汰的偉大進化過程

◆受精後四個月內必要的神經細胞全都長好了

人在胎芽期（受精後第三週）之後，表層的外胚葉開始發達爲腦、神經系統、皮膚、毛髮、指甲等。心臟跳動的第五週開始，由最早形成的爬蟲類型的腦控制心臟，同時也開始形成舊哺乳類型的腦和新哺乳類型的腦。

這三種腦的原型在受精後第二個月到第四個月時就完成了。新哺乳類型的腦的頂部，在受精後第四個月開始，花二個月的時間完成「中央溝」，從第七個月到第九個月，表面積一口氣大增，形成皺紋較深的溝，外觀看起來和大人的腦形狀相同。

這段期間距離胎兒受精僅僅四個月，而隨著腦的神經細胞的細胞分裂已經結束，必要數目的神經細胞也已經齊備。製造出來的神經細胞大約半數在嬰兒出生前自然死亡（自然細胞死、細胞自殺）。

新生兒生下來之後，在稱爲顆粒細胞的小的神經細胞聚集的視覺區的第Ⅱ層等，在長大成人之前，會減少一成以下的神經細胞數目。胎兒期的腦會超乎我們想像的旺盛進行生成與淘汰。而神經纖維也會進行同樣的現象。

像獼猴的胼胝體的神經纖維束在新生兒期有二億條，出生後七個月內大約減少爲四分之一，變成五六〇〇萬條。

而人的胼胝體在受胎後第十週出現，從胎兒期到新生兒期形成新的神經纖維，同時進行激烈的淘汰。就好像胎兒有鰓、有尾巴，但是，在出生前全都會消失一樣，在腦的發達方面，也經過了前述的進化過程而進行了淘汰吧！

腦形成的過程

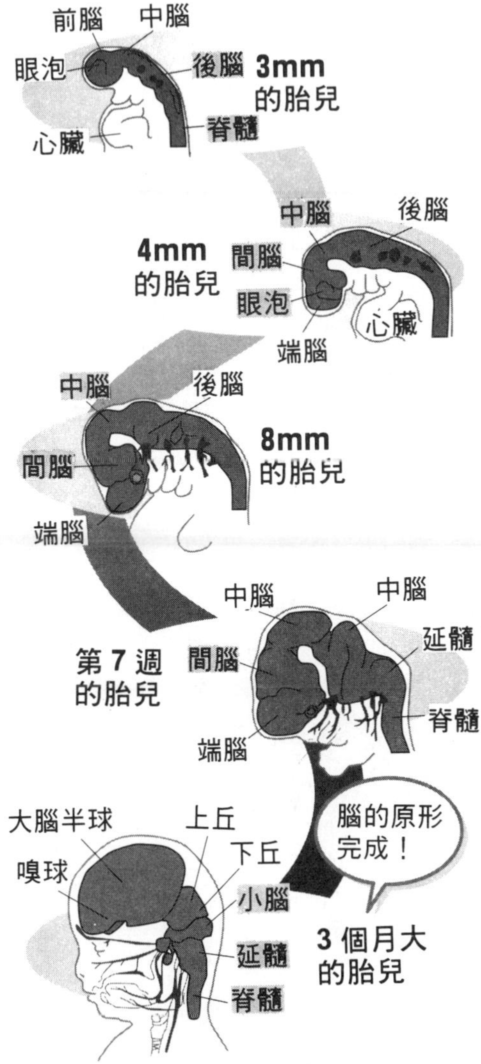

腦的何種機能先開始發達？

剛出生時右腦與左腦具有同樣的作用

◆以腦未完成的狀態而生下的新生兒

人類的腦由爬蟲類型的腦、舊哺乳類型的腦及新哺乳類型的腦三種腦所構成。人在成爲新生兒出生時，二個古老的腦已經完成，而最新的新哺乳類型的腦其連結右腦與左腦的「胼胝體」尚未發達，因此是和舊哺乳類型的腦的「腦幹」相連。

爲什麼出生時還沒有完成呢？可能人腦具有相當巨大的系統吧！所有的程式並沒有完全輸入腦中，在未完成的狀態下生下來，直到幼兒期才完成。

出生一年內的嬰兒期，其爬蟲類型的腦與舊哺乳類型的腦會進行確認今後自己要生存的外界的作業，感受到光、接觸東西、聞到氣味、聽到聲音、舔東西、咬東西，將外界與自己的關係輸入腦中，也讓腦學會使用身體的方法，這可以說是想起古老記憶的時期。

在一歲之前，右腦與左腦具有相同的機能。如果嬰兒在出生後一歲之前，因爲意外事故而必須切除左腦的「語言區」部位，結果還是能夠正常的說話。在想要學語言時，雖然失去了左腦語言區的部位，但是右腦會自動發揮左腦的作用。

在一歲之後，透過「胼胝體」，神經纖維的聯絡開始進行，左右大腦半球開始分

右腦與左腦發育的過程

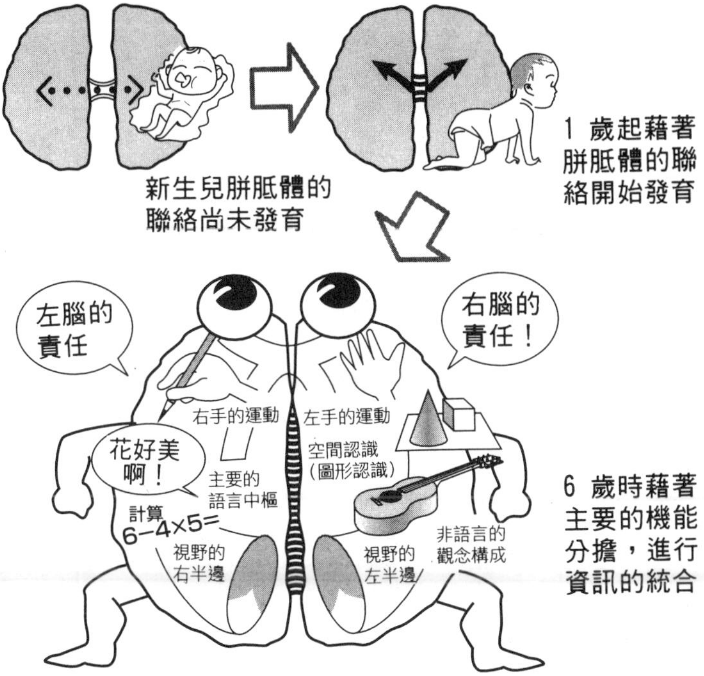

擔責任，在六歲之前會完成粗大的胼胝體。

以生物學的觀點來看，十歲～十四歲的男孩將完成一三五〇公克、女孩則完成一二五〇公克左右的腦。

比較右腦與左腦，右腦與舊哺乳類型的腦有密切的關係，不過理由爲何目前仍不得而知。

◆腦在一生中都不會停止發育

腦的發育和由神經細胞伸出樹突所形成的龐大網路有密不可分的關係。樹突當中具有重要作用的就是，一條延伸較長的「軸索」。

自神經細胞延伸出來的軸索，據說只有在「髓鞘」形成時才能夠真正發揮神經細胞的作用。軸索的發達隨其在腦的部位的不同有很大的差距。嬰兒的腦首先是由腦幹和小腦延伸出的軸索開始形成髓鞘。人也是一種動物，要維持生命，不斷的活動，因此一定是從必要的機能開始發達的。

大腦皮質當中，古皮質和舊皮質很早就形成髓鞘，接著是新皮質的運動及感覺部分，最後才是負責新皮質創造部分的神經形成髓鞘。愈是後來形成的腦，愈是擁有廣泛的機能，能力更高。

新皮質當中，控制運動及感覺的部分較早發育，而擁有思考及記憶等高度機能的額葉和顳葉則發育最慢。這個部分也許用上一生的時間都無法完成，人只要不停止思考或記憶，樹突就會不斷的增加，一生都持續發育，不管到幾歲，都可以學會新的事物。

人的神經細胞的數目從二十歲起一天會減少十萬個。而神經細胞要花三百年才會減少為〇。在生命終結死亡之前，神經細胞會萎縮，比青年期減少了十％。這時腦中的樹突會變形，失去正常作用，一直到最後都持續發育的額葉，在人死亡之際也會整體萎縮。

腦的發育有二種形態

視覺區
體性感覺區
運動區
語言區

語言的發音、手指的觸覺等的神經領域是固定的

‖

從發育較快的機能開始依序擴大佔領領域

藉著神經細胞的興奮而發育

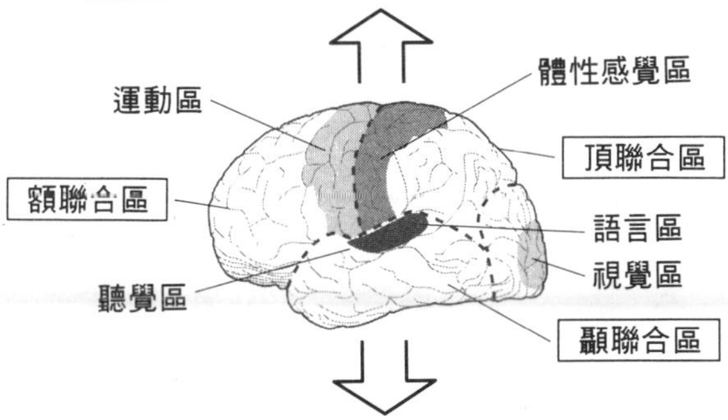

藉著神經細胞的控制進行發育

額聯合區
頂聯合區
顳聯合區

掌管資訊處理的聯合區在沒有被活用的神經迴路的部位，具有構成新的神經迴路的柔軟性

‖

旺盛活動的機能，使得即使是沒有使用過的腦的部分也會不斷的擴展神經迴路，促進發育

腦的大小對於智能會造成影響嗎？

剛出生的黑猩猩智商較高嗎？

◆智能並不是由腦的重量或密度決定的，而是由額葉、脊椎的比例來決定的

腦的重量並不是能力的絕對基準。人腦即使只有一〇〇〇公克也不會有機能上的差距。法國文學家法朗士的腦只有一〇一七公克，俄羅斯文學家屠格涅夫的腦則重達二〇一二公克，兩人的腦重量相差兩倍，但是，在文學價值方面兩人的能力卻無所差距。

腦的作用，首先在於腦細胞的數目，其次是藉著腦細胞互相聯繫的樹突和突觸的數目，也就是，由大腦皮質分業體制的進行，以及腦中額葉所佔比例的高或低來決定的。人類的額葉佔整個腦的三十％，黑猩猩爲十七％，狗爲七％，兔子爲二％，因此確認智能和腦額葉的大小有密切的關係。

和智能有密切關係的是腦和脊髓的比率。腦是由脊髓進化而來的，而脊髓比率愈低的動物，就是腦愈加發達的動物。人類的脊髓只有腦的二％，大猩猩爲六％，狗爲二十三％，兔子爲四十六％，鱈魚九十九％，一目了然。

大猩猩與人類的能力差別，經常以「規模法則」來說明。亦即人類具有大猩猩所沒有的創造力，就是因爲脊髓的比率增大時，這項法則發揮作用的緣故。

動物與人類的腦的比較

動物	腦重：體重
白老鼠	1：28
長臂猿	1：28
麻雀	1：34
日本人	1：38
大猩猩	1：100
鴿子	1：104
青蛙	1：172
狗	1：257
雞	1：347
馬	1：400
小象	1：500
鯨魚	1：2500

智能的高低與體重和腦的重量比例無關。
腦中額葉所佔比例愈大、脊髓所佔比例愈小，就具有愈高度的智能。

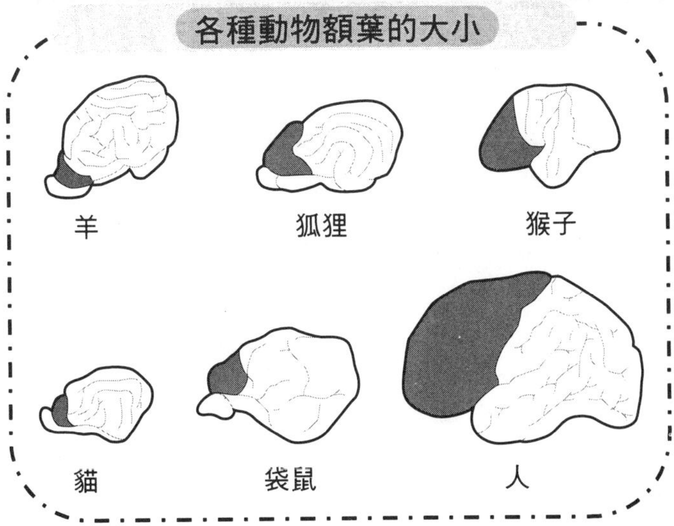
各種動物額葉的大小
羊
狐狸
猴子
貓
袋鼠
人

4 腦受基因支配到何種地步

智商與記憶力的好壞並非來自先天遺傳

◆同樣的「基因」不見得能夠生下完全相同的孩子

基因會將各種遺傳訊息傳達給子孫。

「基因」獨特的作用，讓人認爲它具有決定力。但是人的基因，不可能將智商的高低或記憶力的好壞傳達給子孫。

人類基因中所貯藏的訊息，是人類從做成原始生物誕生至今爲止的遺傳訊息。訊息量是天文數字，從所有的遺傳訊息來看，父母或祖父母等前世代的特徵，只是人所具有的基因的一部分而已。

一個小孩的智慧或性格如何，父母的優點不見得具有決定性的力量。只要看同一對夫婦所生下的小孩的差異就可以了解這一點。

生下三個兄弟姊妹時，其性格、智慧、體格、臉型等，都完全不同。雖然基因來源相同，但也無法製造出完全相同的人。即使同卵雙胞胎是來自同一個卵子的孩子，雖然臉型及身體類似，但是，性格也不見得完全相同。

近來利用基因操作製作複製動物「小丑」成爲話題。其雖然使用相同的基因，也不能夠複製出完全相同的動物，還是會出現如兄弟般的差異。

基因的錯誤認識所產生的各種悲劇

1900 年代初期：在美國，認為精神薄弱或容易犯罪的性格會遺傳，因此制定了「斷種法」

1940 年左右：納粹德國制定「斷種法」，經精神醫生診斷不具有生存價值的障礙者 30 萬人被處以安樂死。在第二次世界大戰時期，視猶太人為較低劣的人種，殺害了數百萬名猶太人。

1975 年：在瑞典，以防止精神犯罪或精神病的遺傳為由，於此年之前強制進行避孕手術。

不論好壞，全都宣傳是「遺傳」造成的！

不要回到這種悲劇

1978 年，聯合國發表「世界所有國民在知識、技術、社會、經濟、文化、政治等方面都具有發展到最高水準的同等能力」的宣言

（聯合國第 20 屆總會『種族及種族偏見相關宣言文告』）

但是，1994 年在美國的暢銷書籍『貝爾曲線—關於美國生活的智能與階級構造』一書當中，認為經由 IQ 測得的智能受遺傳影響達 70%，甚至提出「黑人或低所得者智能較低」的說法。

◆藝術才能的影響因素「素質」的差異比「遺傳」更大

基因在腦的神經細胞中不斷的活動，並不是不變的。神經細胞受到刺激時，「最初期基因」會活化，因其影響而使得其他基因發揮作用，在細胞內形成作用分子，相反的，也有停止作用的分子。這時將產生新的遺傳訊息蓄積下來。以所有的基因訊息來看，這些只不過是少數的訊息，不可能立刻對孩子或孫子造成影響。

像「藥物中毒」，有人說是基因變化改變了藥物感受性而造成的。因藥物等而使得基因受損時，原本應該遺傳給子女的遺傳訊息，無法正確的傳遞，因此，無法生下健康的孩子。

如果不談智能，單就音樂家或畫家的素質觀點，來討論遺傳的優勢，這是很困難的。音樂家的家庭經常會出現天才音樂家，雖然「素質」是遺傳要素之一，但也不見得一定會遺傳給子女。同樣出生在音樂家家庭中的兄弟，即使擁有同樣的基因，卻不見得都擁有相同程度的音樂才能。

音樂家的孩子們，在小時候就時常接觸音樂，與音樂環境有密切的關係。亦即音樂家的家庭對於在音樂方面具有「素質」的孩子而言，是容易發揮才能的環境，因此不能算是「遺傳」造成的影響。也就是說，「素質」天生就有個人差異，不能說是基因造成的。

素質經由所處環境而發展出來

詹森的環境界限值說

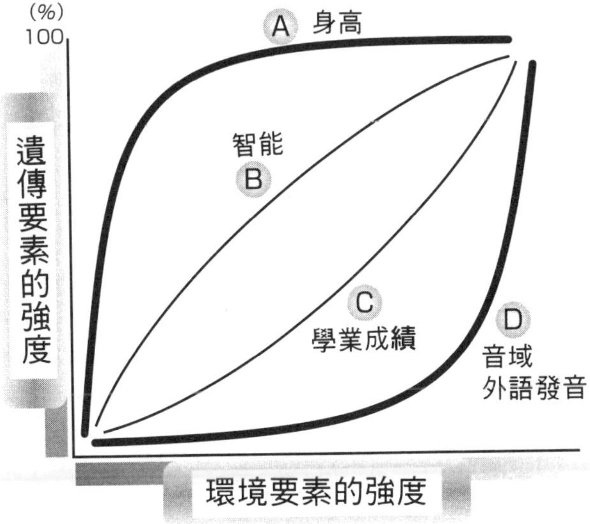

身體的特徵受到遺傳要素強烈的影響，但是，像音樂或外語發音等能力，則受到聽覺皮質開始發揮機能的 1 歲前到 2 歲為止所得到的訊息的影響極大。

5 關於手與腦的發達關係

右腦派與左腦派來自與慣用手無關的精神活動

◆慣用右手或左手的理由

根據某學者的調查，二歲到四歲的幼兒慣用右手的有四成弱，而慣用左手的則有四成強，多於慣用右手的人，而有二%的人則左右手都用。

二年後對同樣的孩子進行調查，結果慣用右手的增加爲七成以上，慣用左手的只有二成弱，兩手都用的只佔少數。

慣用右手者較多的理由，可能是社會因素與生理因素這兩個原因所造成的。有過養育孩子經驗的人應該都知道，幼兒可能會用左手或右手拿湯匙，而對於用兩手拿湯匙的孩子，父母會說：「用右手拿湯匙。」很自然的要他用右手拿。

自己慣用右手，社會上的行儀及一般用品，也以用右手的爲設計中心。因此，隨風入俗讓孩子用右手拿湯匙，養成用右手拿東西的習慣，於是就成爲慣用右手的人。

另一個原因是生理因素。例如，寫字的動作是需要指尖微妙運作的困難作業，而機械動作也下意識習慣以右手來做。於是左腦的運動區愈加發達，就變得更能自在的運用右手，因此，成爲慣用右手的人。

人類自古以來就慣用右手嗎？

距今 200 萬～250 萬年前，在南非共和國的地層中發現了南非猿人的骨骸以及他們所食用的狒狒的骨骸。

大多數狒狒的頭骨左側陷凹，此陷凹痕跡和同時發現的羚羊肱骨完全吻合。

最古老的人類是用右手拿著羚羊骨骼攻擊狒狒頭的左側，殺死狒狒！

在西班牙的亞爾塔米拉洞窟及法國的拉斯科洞窟壁畫上，也確認了人類用右手拿武器的事實。

◆慣用手對於腦造成影響

日本人百分之九十五都是慣用右手的人。據說在懷孕第十五週就決定了慣用右手或左手，也出現幾乎所有的胎兒都吸吮右手拇指的報告。

慣用右手或左手者的腦，會出現顯著差異的部分是語言區。九八%慣用右手者的左腦的語言區擁有語言機能，而慣用左手者，在左腦的語言區擁有語言機能的人只有七十%而已。十五%慣用左手者在右腦的語言區擁有語言機能，剩下的十五%則是右腦和左腦都有語言機能。

爲什麼會出現這種現象呢？一般認爲語言區是在左腦，像認識、思考、判斷、記憶、創造等精神活動，是在腦的左半球局部進行的。但是慣用左手的人，由於控制左手的右腦高度成長，於是原本應該只在左側發達的語言區移到右腦，或是左腦、右腦都擁有語言區。慣用手對於腦具有極大的影響。此外，使用手容易促進腦的發育，所以不僅是慣用手，甚至只要進行一些手工作業，就能夠對腦產生好的作用。

但是，我們不能夠斷定慣用右手的人就是能夠巧妙操縱語言的理性智慧的「左腦派」，而慣用左手的人就是擁有豐富創造力、情緒化的「右腦派」。

右腦或左腦受損時，與該部分有關的機能就會受到影響，但是，精神狀態或精神活動並不會停止。慣用手與腦的關係，僅限於語言區會出現顯著的差距。

慣用右手與慣用左手的語言區所在位置的比例

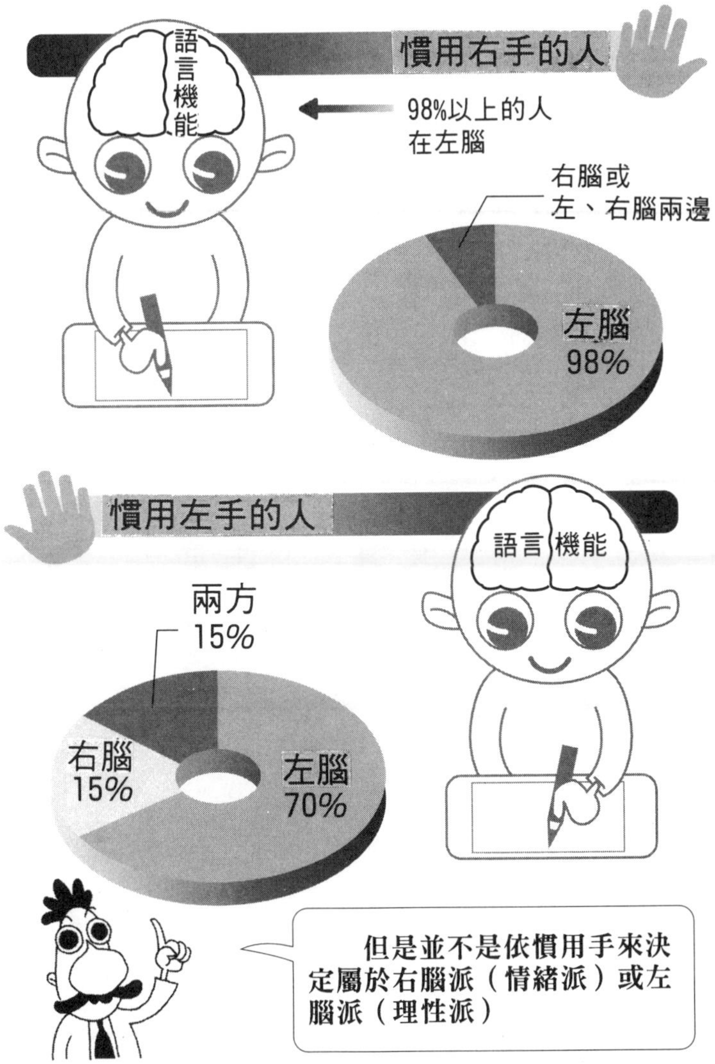

6 腦的營養是什麼？

最需要葡萄糖，成人男性一天需要一六〇公克

◆腦能夠使用的熱量只有葡萄糖

腦是體內吃得最凶的部分。成人男性腦的重量只佔體重的二%，但是，身體總消耗熱量中，光是腦就要使用十八~二十%。人生存所使用的熱量，是將葡萄糖氧化之後分解爲水和二氧化碳的過程中所得到的。而且腦熱量能夠使用的營養，也只有「葡萄糖」。

通常一公升的血液中，只有一公克的葡萄糖。血液中一旦缺乏葡萄糖，稱爲細胞外液的液體內的葡萄糖就會釋出到血液當中來使用。

血液與細胞外液總計達十五公升，而能夠立刻使用的葡萄糖大約只有十五公克。能夠貯藏在體內的葡萄糖量，最多只有八百大卡，所以必須定期補充。如果不好好的吃東西，就會使腦的功能惡化。

葡萄糖是藉著貯藏在肝臟的脂質得到的，有時則是藉著分解蛋白質生成的糖原而得到的。不過主要是藉著碳水化合物中所含的醣類製造出來的。醣類存在於麵包、水果、砂糖等各種食物當中，而能夠穩定供給腦熱量的主食就是飯。因爲不容易消化，能夠持續穩定的供應葡萄糖，所以是非常適合腦的食物。

腦是貪吃鬼？

1 腦 1 分鐘需要 800ml 的血液

在腦內由數量龐大的神經細胞將傳遞質運送到其他的神經細胞中。這個傳遞質需要使用血液中氨基酸等的成分在神經細胞中合成，因此需要這麼多的血液量。

2 腦所消耗的熱量佔全身熱量的 18～20%

大約1000億個腦神經細胞互相發出信號時，會產生大量的熱量代謝。只把葡萄糖當成熱量的消耗葡萄糖，這一點和其他器官不同。

腦 1 天所需要的葡萄糖？

成人男性所需要的熱量

3,200kcal × 20% = **640kcal**

葡萄糖

640kcal ÷ 4kcal/g = **160g**

◆讓腦旺盛發揮作用所需要的營養素是什麼？

要讓腦旺盛的發揮作用，除了當成熱量的葡萄糖之外，還需要營養素。蛋白質中所含的「必須氨基酸」，可以成為腦細胞或神經傳遞質的原料。具有能夠使腦旺盛活動、提升腦內溫度的作用。在雞蛋、雞肉中含量均衡。

「卵磷脂」則是神經傳遞質乙酰膽鹼的原料。卵磷脂具有防止痴呆的效果。除了大豆之外，在啤酒、毛豆中也有。「酪氨酸」是蛋白質中所含的一種氨基酸，成為多巴胺、降腎上腺素的原料，是元氣根源的營養素。在竹筍中所看到的白色結晶，就是凝固的酪氨酸。

神經傳遞質之一的「血清素」的原料營養素，是必須氨基酸中的色氨酸、維他命B_6、鈣。色氨酸在蛋、豬肉、魚、牛奶、甘藷中含量較多。維他命B_6則在牛奶、肝臟、鮪魚、香蕉中含量較多。鈣在海藻、牛奶、小魚、茼蒿、豆腐中含量較多。

「二十二碳六烯酸（ＤＨＡ）」具有防止動脈硬化的作用，同時對於遇到壓力會產生抵抗力的腦也具有抑制其攻擊性的作用。在秋刀魚、沙丁魚、鯖魚、鮪魚等青背魚中含量較多。

此外，「維他命類」含量較多的黃綠色蔬菜、氨基酸之一的「谷氨酸」含量較多的海藻及凍豆腐等，均衡攝取眾多營養素，就能夠引出腦的力量。

對腦有效的主要營養素

葡萄糖：腦唯一的熱量來源

貯藏於肝臟的糖原分解之後形成葡萄糖，只能貯存200g（800kcal），因此要不斷的補充。

→ 飯／麵包／麵類／砂糖

蛋白質：提高腦的基本機能

支持腦的活動，製造化學物質。必須要經常補充。

→ 大豆製品（尤其是豆腐渣）／蛋

二十二碳六烯酸
DHA：使腦細胞活化、功能順暢

是製造連接神經細胞的突觸的材料，同時也有助於訊息傳遞質的釋出。

→ 沙丁魚、鯖魚等青魚／黑鮪魚、魚的眼窩脂肪／鰻魚

維他命 B_1、E：支撐腦的神經功能

缺乏維他命 B_1 會使腦衰弱，容易引起痙攣或痴呆。

→ 豬里脊肉／酪梨／杏仁／黑麥麵包

1 腦的清道夫「間藤細胞」

會吃掉附著於腦的血管的脂肪或蛋白質的巨噬細胞的同類

◆具有防止腦梗塞、腦中風作用的細胞

在腦中負責運送氧和營養素的毛細血管，遍布各個角落。當這些血管阻塞或斷裂時，氧、營養無法送達，腦細胞的一部分就會死亡，呈現腦梗塞或腦中風的症狀。

自治醫科大學的間藤方雄教授，發現在毛細血管中，會將血液中多餘脂肪加以吸收，保持血管乾淨的吞噬細胞。因此，以發現此細胞的間藤教授之姓，將其命名爲「間藤細胞」。

機能細分化的腦整體保持調和，因此，即使一部分的血液無法到達，也不至於完全受損。在血管中隨時存在著負責「清掃」的細胞。

如果間藤細胞衰弱，無法發揮機能，則毛細血管壁將有多餘的血管附著，血液循環不順暢。如果間藤細胞吃了太多的膽固醇，也會變得肥大，成爲引起血管狹窄的原因。

腦梗塞就是因爲間藤細胞功能減弱而引起的，一旦引起輕微的腦梗塞時，沒有自覺症狀，也許會變成痴呆症狀。

最近根據報告顯示，一天攝取五十毫克的維他命E，能夠使得間藤細胞活化，而

巨噬細胞的作用

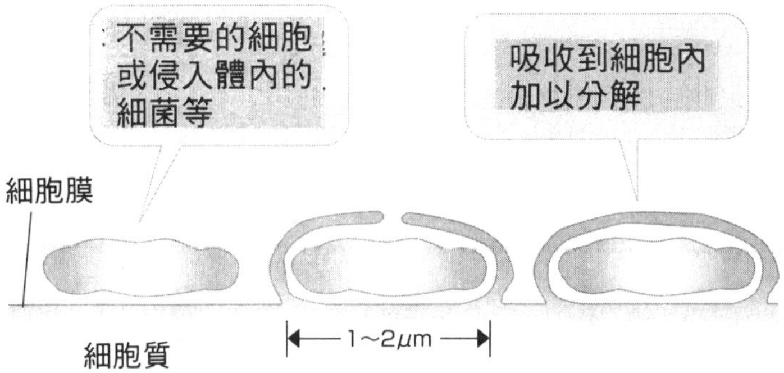
不需要的細胞或侵入體內的細菌等
吸收到細胞內加以分解
細胞膜
細胞質
1～2μm

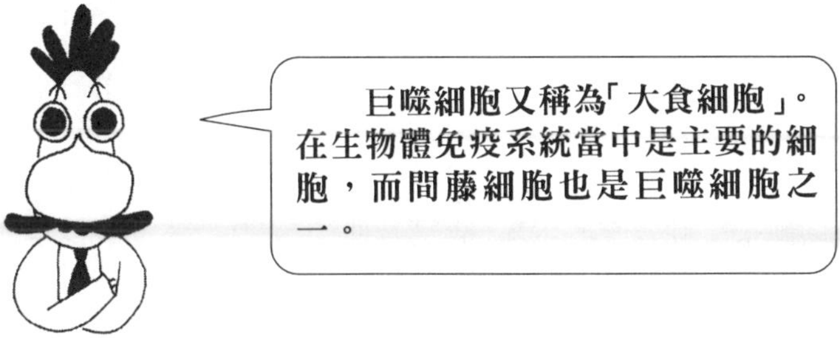
巨噬細胞又稱為「大食細胞」。在生物體免疫系統當中是主要的細胞，而間藤細胞也是巨噬細胞之一。

代表性食物就是杏仁。

維他命E含量較多的鱈魚子，一百公克當中有十・四毫克的維他命E。杏仁一百公克中則有二九・三毫克，脂肪酸組成大約七十%是單元不飽和脂肪酸，尤其能夠抑制膽固酸的油酸佔九九%。

維他命E能夠防止老化，而事實上它也有活化間藤細胞的作用。

睡眠中的腦發揮何種作用

在睡眠中持續不眠不休工作的腦的構造

◆人類睡覺時腦沒有在睡覺

人類腦的氧消耗量，安靜時爲全身的五分之一。腦的重量佔體重的五十分之一，只有二％，但卻要使用二十％的氧。

腦的氧消耗量，大約爲其他臟器或肌肉的十二倍。

運動時，全身的氧消耗量會增加。但是，只有腦不論在安靜時或運動時，都會以同樣的步調持續消耗大量的氧。睡覺時腦的氧消耗量反而更多。

人在睡覺時爲了避免浪費熱量，因此，會降低基礎代謝。腦會減弱心臟收縮力，使脈搏跳動減少，做出降血壓的指示。

但是，在沈睡時如果心臟停止就糟了。爲了維持生命，同時又要巧妙的讓身體休息，在無意識當中控制身體作用的，就是自律神經系統。

人在熟睡或無意識時，也會保持呼吸和心跳。那是因爲腦二十四小時都能夠感覺到身體的狀態，持續加以控制的緣故。在有意識的狀態下活動的大腦新皮質，於人類睡覺時不會旺盛的展現活動，但是，古皮質、舊皮質則持續發揮作用。

睡覺時相當活躍的腦的部位，就是古皮質的「海馬」。睡眠時，腦的海馬附近也

睡眠中腦的情況

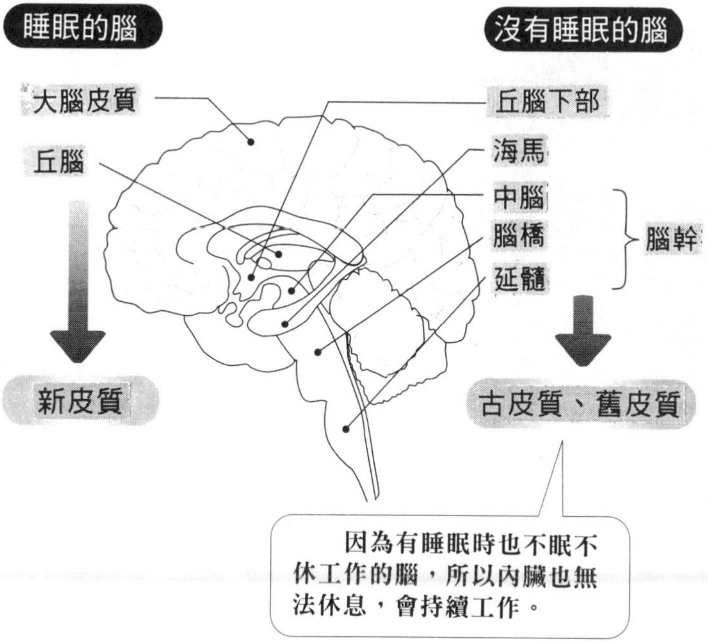

會出現如清醒時般周波數較高的腦波。

海馬在人類進行記憶時會發揮不可或缺的作用，也是會讓人做夢的部位。睡覺時記憶會固定下來，可能就是因爲睡覺時能夠追加體驗白天所發生的事情吧！睡覺時，大腦邊緣系一帶會消耗掉大量的熱量，持續活動。

◆睡眠、清醒的週期以及歷史悠久的REM睡眠

不管是誰，都會有深眠、淺眠，大約以二小時的週期反覆出現。進入睡眠之後即立刻進入深眠，這時腦波

是θ波、δ波等較緩和的波（徐波）。睡眠較淺時，腦波則和清醒時同樣的呈現α波或β波。

δ波或θ波形成時的深眠稱爲「徐波睡眠」，而α波或β波出現時的淺眠則稱爲「REM睡眠」（速波睡眠）。REM睡眠時，會快速進行眼球運動，身體各部分呈現變化。例如，臉和手指會小幅度顫動，心跳、呼吸急促。如果勉強叫醒進入REM睡眠狀態的人，則幾乎所有的人都會說「自己做夢了」。研究這個神奇的REM睡眠之後，發現下達「睡覺」、「起床」等命令的腦的神經細胞所在部位不同。

負責接受清醒作用的，是在腦幹的「橋網樣體、青斑核」所產生的神經傳遞質「降腎上腺素」所驅動的神經細胞。引起REM睡眠的，同樣是來自「橋網樣體、青斑核」的腹內側的傳遞質「乙酰膽鹼」所驅動的神經細胞。兩者是「相反的神經連接」，因此會出現清醒和睡眠的規律。

深眠的徐波睡眠，則是由腦幹的「縫線核」（Raphe nuclei）的細胞體所產生的傳遞質「血清素」所引起的。

剛出生嬰兒的睡眠大多是REM睡眠。調查各種動物的睡眠發現，只有鳥類和哺乳類有徐波睡眠，其他動物則只有REM睡眠。對動物而言，古老的睡眠是REM睡眠。不會做夢、能夠熟睡的徐波睡眠，是只有待在樹上等安全地帶能夠安然睡覺的鳥類，以及立於食物鏈頂點的哺乳類才能夠得到的歷史的新的睡眠。

「REM睡眠」與「徐波睡眠」的不同

一個晚上的睡眠經過

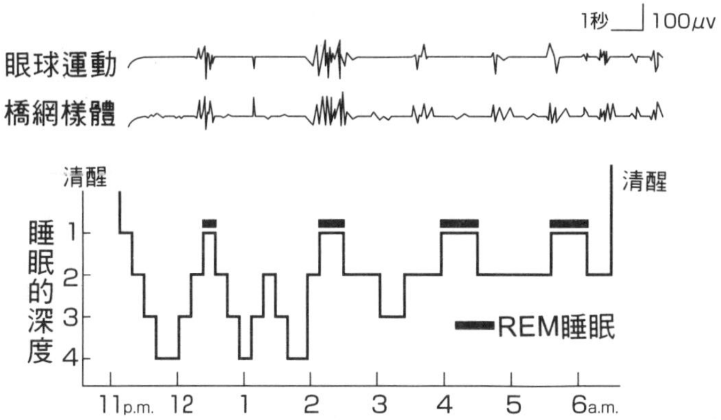

睡眠中腦波的形態

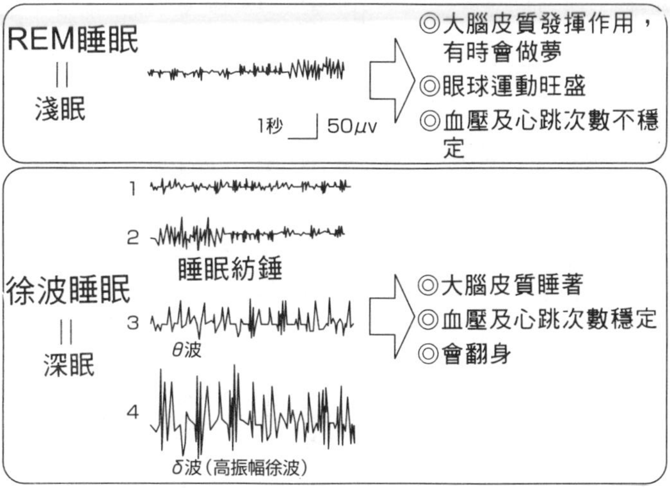

腦死與心臟死有何不同？

一旦腦死，腦內會出現何種變化？對身體機能會造成何種影響？

◆「腦死」是到達「心臟死」之前的過渡狀態

腦要正常的發揮作用，需要大量的氧和營養。身體二十%的血液集中在頭部的理由就在於此。

但是，如果因爲交通意外事故，使得頭部受到嚴重損傷時，血液無法充分供應腦部，因此會呈現「腦死」狀態。這個構造，概言之，就是因爲腦損傷而顱內壓上升，血液循環不良，形成缺氧狀態，腦無法得到氧和營養，神經細胞受損，因此，停止了腦的機能。

腦停止了機能運作，心跳也會隨之停止，這就是所謂「心臟死」，也就是我們所熟知的「死亡」。急救醫療發達，在醫院集中治療室可借重人工呼吸器採取延命措施時，有一陣子腦的機能停止，但是心臟卻會跳動，這就是「腦死」狀態。

心臟等所有臟器，都受到來自於腦幹的控制。一旦腦停止機能，當然就無法提供任何控制。例如，血壓下降時，原本應該聽從腦幹的指示，分泌出會使血壓上升的物質兒茶酚胺。心臟則會隨身體狀況或心情而心跳加快或緩慢，受到各種控制。一旦呈現腦死狀態，內臟及血壓等控制機能無法發揮作用，血壓降低，所有臟器都只能藉著惰性發揮作用。

心臟周圍的冠狀血管所供應的血液是心臟的熱量來源，一旦血壓下降時，血流漸減，心臟疲勞，就會導致「心臟死」。

◆腦死包括「大腦死」、「腦幹死」、「全腦死」三種

「腦死」也有幾種不同的種類。主要是用來思考事物或展現意識活動的大腦機能停止的情形，稱爲「大腦死」。維持生命所需、控制內臟的腦幹（中腦、腦橋、延髓）等如果沒有受損，還是能夠發揮作用。

相反的，如果只有腦幹停止機能，則稱爲「腦幹死」。「腦幹死」的患者，對於刺激無法產生反應，不過卻殘留著感覺刺激或智能作業的能力。大腦和腦幹所有腦的機能全都停止時，則稱爲「全腦死」。

根據腦死移植法，如果以臟器移植爲前提的腦死，必須是「包括腦幹在內，全腦機能形成不可逆的停止狀態」。雖然醫療發達，但是即使呈現「腦死」狀態，卻無法輕易判斷是否爲全腦死。例如，幼兒出現腦死狀態時的復甦力很高，因此，未滿六歲者被排除在腦死判斷對象之外。

此外，由於「低體溫療法」的開發，復甦界限點幾乎接近死亡點。低體溫療法，是將腦部受損的患者全身急速冷卻，降低送達腦的血流溫度的救命療法。能夠抑制腦的浮腫，遏止顱內壓升高，等到受損的部位復原之後，再讓體溫恢復原狀。

在日本，日大醫學部附屬板橋醫院的林成之醫師等人，利用低溫療法治療，締造了很好的成績，現在在很多急救中心廣泛進行這種療法。最近醫學迅速進步，使得以往無法獲救的患者能夠得救，同時可以復原到過著正常的社會生活。

◆臟器血流停止後就失去機能

腦死的腦神經細胞壞死之後，細胞內會釋出谷氨酸。這時細胞就無法復原了。

一旦全腦死時，即使進行任何的治療，腦細胞也無法復原。不久壞死的神經細胞受損，腦浮腫，死後解剖會發現腦已經呈現一半溶解的狀態。全腦死後一週到二週內，頭部就會出現這種腦細胞的毀壞現象。

身體臟器雖然無法受到來自腦幹的控制，只要心臟跳動、有血流，就不會失去機能。但是，此時就好像斷了線的風箏到處亂飛似的，只能夠維持最低限度的機能，然後慢慢的衰弱。

失去主人的臟器，在心臟停止時，就會立刻失去機能。肝臟等在心臟停止九十分鐘內，就會失去肝細胞的機能。移植肝臟或心臟，必須利用腦死移植或生物體移植的理由就在於此。

皮膚在四十八小時之後、腎臟在七十二小時之後，就完全失去機能。腎臟可以經由屍體移植，但是，寬限時間是在血流停止之後到失去機能爲止的七十二小時之內。

「腦死」的構造

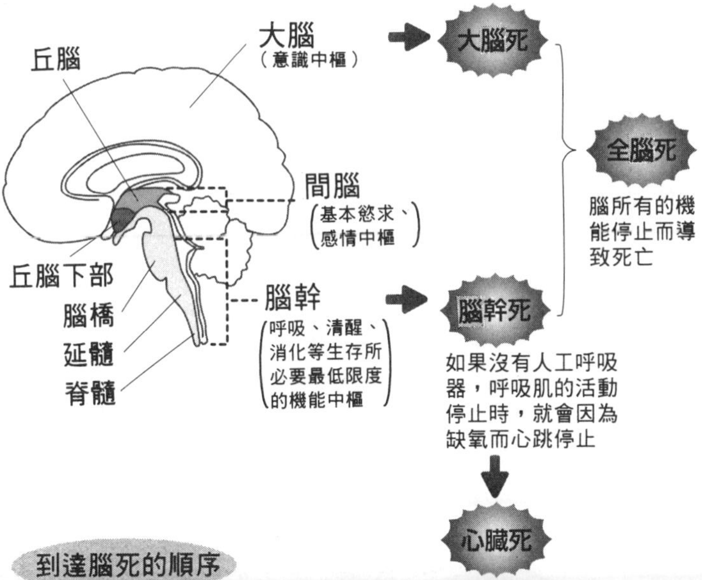

到達腦死的順序

1	腦循環不全	腦引起某種障礙，腦的血液循環受阻
2	腦缺氧	腦因為氧不足而出現缺氧狀態
3	血液腦關卡的機能減退	由於腦的毛血管的滲透性提高，因此血液中的成分滲出
4	腦浮腫	腦組織浮腫
5	顱內壓（腦壓）亢進	顱腔的容積有限，因此腦室內的壓力增大
6	腦突出症	一部分的腦因壓力而被擠出，壓迫到腦幹等
7	腦血流停止	顱內壓高於血壓時，血液無法進入腦內
8	腦幹機能不全	因為6而使腦幹受到擠壓，或7而導致缺氧，因此壞死

會記憶、會說話……

探索緻密機能的神奇！

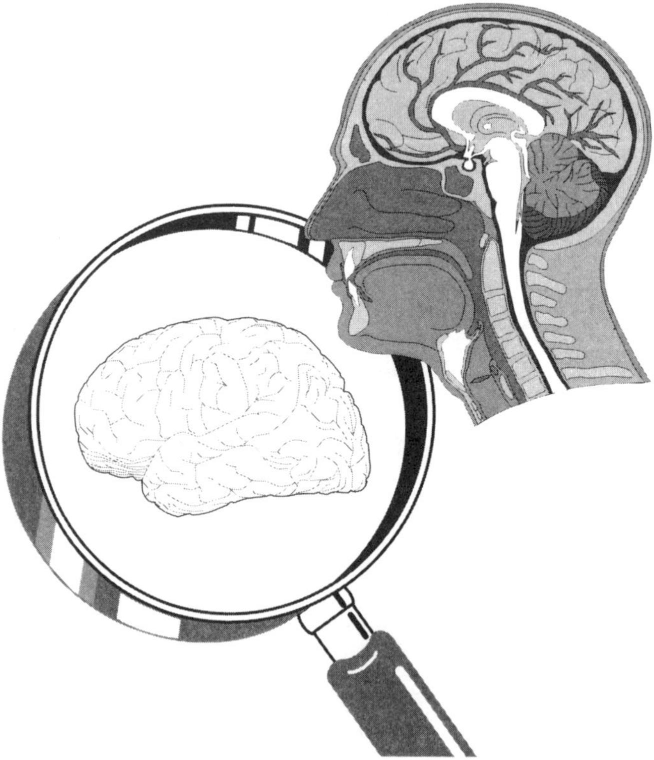

PART 3

腦的機能

1 腦擁有身體的地圖

利用「運動」與「感覺」兩張地圖涵蓋所有的部分

◆腦有二張全身地圖

大腦接受來自身體各處感覺的部位，稱爲「體性感覺區」。透過軸索和身體各部分相連的神經細胞，就好像濃縮全身的地圖一般的排列著。這個體性感覺區，沿著大腦額葉與頂葉之間的「中央溝」，位於頂葉側。夾著中央溝的額葉側有「運動區」。控制全身的運動，同樣也遍布全身的地圖。

大腦有感覺全身感覺的地圖，以及掌管全身運動的地圖，也就是，有二張全身地圖。全身地圖當中，範圍最廣泛的，就是從舌到唇等臉部部分與和手有關的部分。需要比較精細的動作時、必須收集更多資訊時，或是要做出運動指示、做出較精細的動作時，就需要這麼多的神經細胞。

人在笑的時候，會有苦笑、可愛的笑等各種表情。之所以能夠做出豐富的表情，就是因爲全身地圖大多分布在臉的範圍的緣故。

這個地圖並不是固定的。因爲意外事故而失去手腳，無法得到感覺信號時，會使得原本能夠感覺失去手腳的腦的領域變得狹窄，取而代之的是，其他領域會變得比較寬廣。

「體性感覺區」與「運動區」的地圖

彭菲爾德的地圖

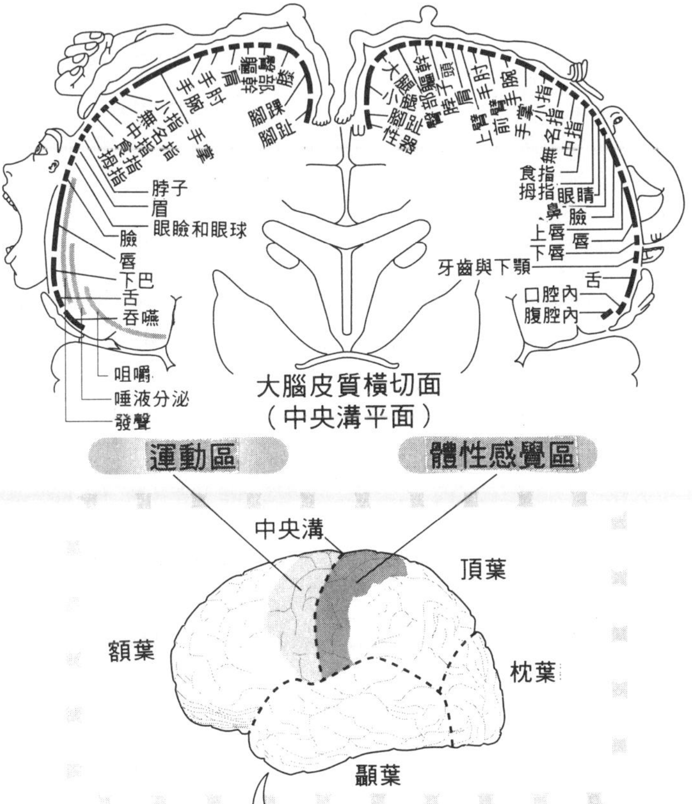

在哺乳動物感覺區的身體地圖中，愈發達的部分面積愈寬廣。例如貓或兔子是關於鬍鬚的感覺區面積較寬廣

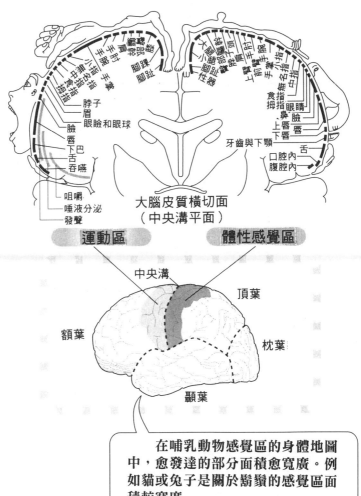

◆腦擁有二張地圖的理由

神經細胞在傳遞信號時的傳遞質總計有幾十種，可以分爲「興奮」指示及「抑制」指示二種。但是一個神經細胞只能夠產生一種傳遞質。例如肌肉用力時，由腦的神經細胞送出使肌肉「興奮」的傳遞質。在放鬆力量時，則由另一個神經細胞送出使肌肉「抑制」的傳遞質。通過神經纖維的信號只能夠單向流動。所以將來自於腦的命令送出時，是使用「降神經」，而腦接受皮膚的觸覺或壓覺等信號時，則使用「升神經」。皮膚所感覺到的觸覺或壓覺，要送入在脊椎後方的後根神經節上擁有細胞體的第一次感覺神經細胞，然後再將信號「升」送達腦。

其終點就是「體性感覺區」。相反的，將腦的信號送出的出發地點的則是「運動區」。這就是爲什麼腦需要二張全身地圖的理由。

使心跳加快或減慢的自律神經系統的命令，來自於「腦幹」或「大腦邊緣系」。各位也許不知道，移植後的心臟必須要切斷來自於腦的神經及傳達到腦的神經，因此並不具有做劇烈運動時要使心跳加快的調節機能。

除了感覺區和運動區之外，腦還有其他地圖。例如「視覺區」的「視覺地圖」、「聽覺區」的「音地圖」等。聽覺區的音地圖，由於周波率的高低規則正確的排列，因此到底要把信號送達哪一個神經細胞，從音的高低瞬間就可以了解。

關於掌握運動神經的小腦，有人認爲它是在身體各個部位有負責的神經細胞分布的局部機能說，但也有人認爲小腦是整體發揮作用的整體機能說。

腦能夠知覺從感覺器官得到的訊息構造

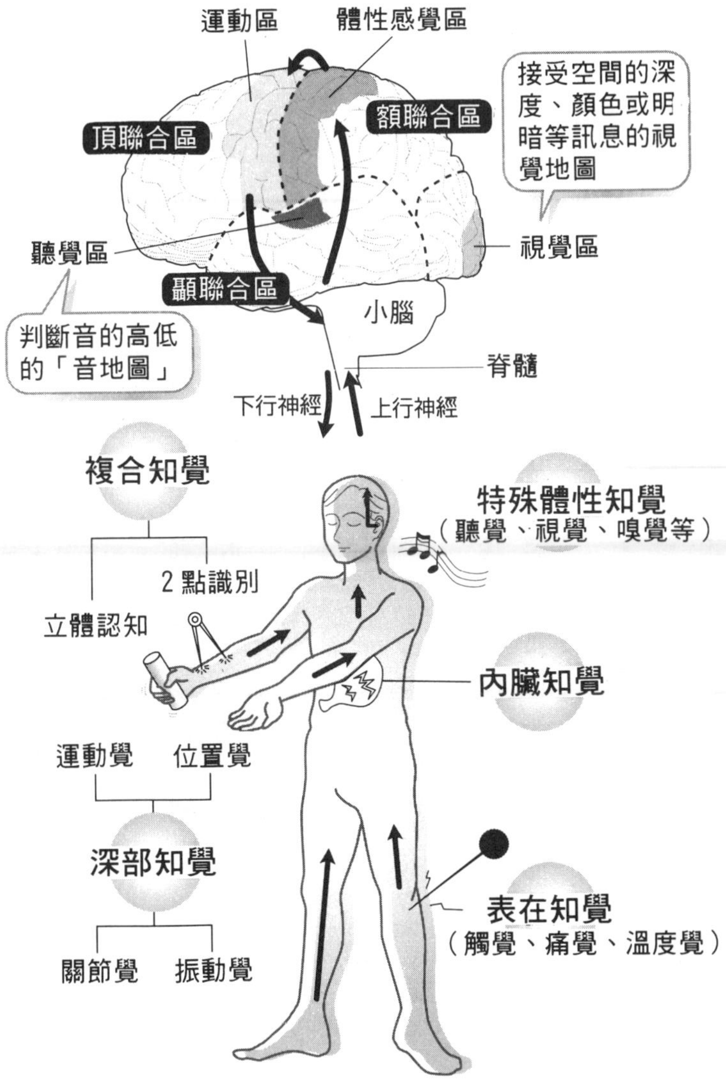

腦的哪個部位能夠感覺到味覺？

舌頭識別的「味道」由腦來知覺的構造

◆感覺味覺的「味蕾」中的「味細胞」

味覺是透過「味細胞」這個接收器而感覺到的。味細胞在舌的一個「味蕾」中有三十～七十個，每幾個就排列在舌的乳頭上。味蕾除了乳頭之外，在上顎深處的軟腭或咽頭、喉頭部都有。嬰幼兒時期，頰黏膜和口唇黏膜也有味蕾，總數約一萬個。長大成人之後，數目減少，成人在舌頭約有五千個，舌以外則有二千五百個。

食物進入口中時，味道進入味蕾當中，味細胞因爲這個刺激而興奮，引起電位變化，發出信號。味道強烈時出現強烈信號，味道弱時出現弱的信號。這個信號經由味神經送達腦。

味覺有五種，包括甜味、苦味、鹹味、酸味四種，再加上甘味，總共五種。也有人加上會刺激痛點的辣味。關於苦味，在最薄濃度就可以產生反應，據說這是在讓人的身體受害時較容易出現的味道。

感覺各個味道的味細胞一塊塊的分布在舌上。事實上，一個味細胞擁有能夠對應全部味道的接收體，但是，卻有比較容易感覺甜味的味細胞，或對苦味較敏感的味細胞等的差異。不同的味細胞所產生的信號加以組合之後，腦就可以認識味道。

「味蕾」與「味細胞」的構造

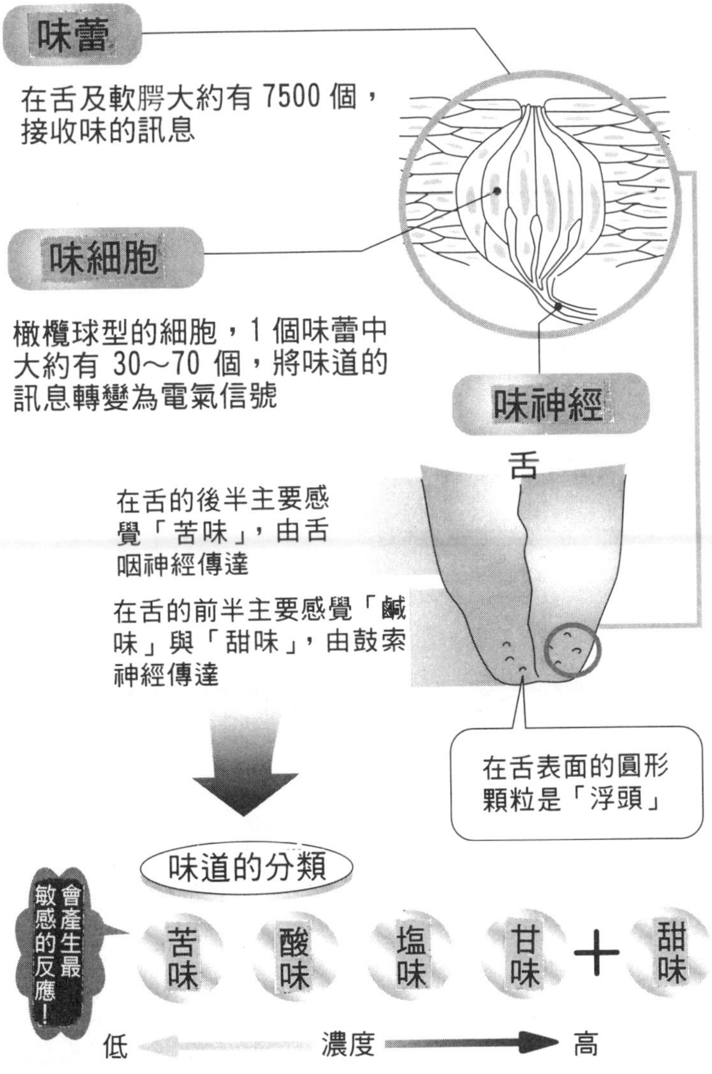
味蕾
在舌及軟腭大約有 7500 個，
接收味的訊息
味細胞
橄欖球型的細胞，1 個味蕾中
大約有 30～70 個，將味道的
訊息轉變為電氣信號
味神經
舌
在舌的後半主要感
覺「苦味」，由舌
咽神經傳達
在舌的前半主要感覺「鹹
味」與「甜味」，由鼓索
神經傳達
在舌表面的圓形
顆粒是「浮頭」
味道的分類
會產生最敏感的反應！
苦味
酸味
塩味
甘味
＋
甜味
低
濃度
高

◆味覺訊息與觸感和溫感傳達到不同的神經

味覺訊息是透過舌神經——鼓索神經——中間神經（面神經）、舌咽神經、迷走神經左右三條神經系統送達腦，而觸覺、溫感、冷感、痛感等，則是透過三叉神經傳送信號。喝啤酒時覺得「口感滑順」或「後勁無窮」等種種表現，就是人對於啤酒的冰涼及碳酸的刺激等所產生的感覺。

人的大腦皮質味覺區在中央溝的腹側部（四十三區附近），有的人則認爲是在吻側島皮質。這部分受到電氣刺激就會感覺到味道。此外，由臨床上推測，如果這個部分出現腫瘤，就會形成味覺障礙。臨床試驗認爲，右腦的頂部到額部的蓋部會感覺味道，刺激扁桃體也會感覺到味道。

那麼是否真的有能夠認識味道的特定神經存在呢？事實並非如此。利用腦磁場計測裝置加以調查，感覺味道的瞬間，腦的左額部到左枕部的磁場會瞬間移動，也有從右枕部出現被吸入右額部的形態。亦即腦的多處部位互助合作，動員各種記憶，加入高度的判斷來認識味覺。使得正子放射斷層法（ＰＥＴ）等檢查，發現感覺味覺的瞬間，除了島皮質前部之外，丘腦、扣帶回、尾狀核、海馬旁回等都會活化。

當然，今後持續研究也許就能夠了解這一切，不過目前可以考慮的是，認識的味道在腦中要進行高度的作業。在許多動物當中，人會吃各種的食物，這也是相當特別的一種表現。在腦的進化過程當中，或許味覺也同時進化了吧！

味覺傳達到腦的情況

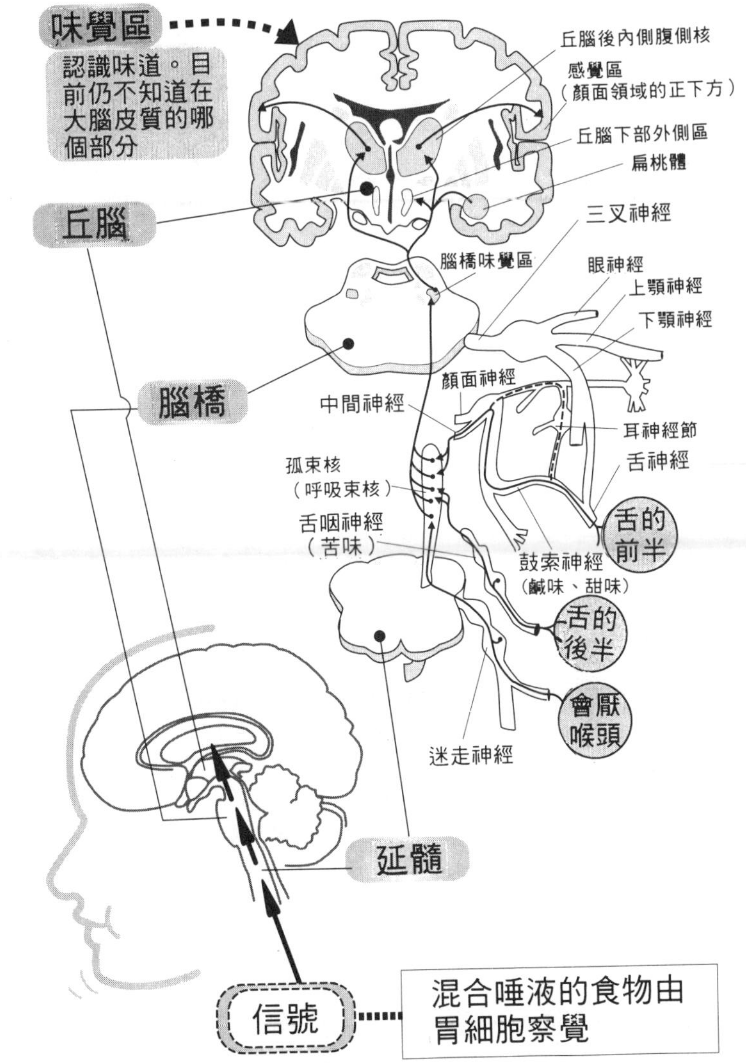
味覺區
認識味道。目前仍不知道在大腦皮質的哪個部分
丘腦
腦橋
延髓
信號
混合唾液的食物由胃細胞察覺
丘腦後內側腹側核
感覺區
（顏面領域的正下方）
丘腦下部外側區
扁桃體
三叉神經
腦橋味覺區
眼神經
上顎神經
下顎神經
顏面神經
中間神經
耳神經節
舌神經
孤束核
（呼吸束核）
舌咽神經
（苦味）
舌的前半
鼓索神經
（鹹味、甜味）
舌的後半
會厭
喉頭
迷走神經

3 腦的哪個部位可以分辨聲音？

分類「音」的機能存在於腦細胞中

◆語言是藉著「感覺性語言區」來分辨的

人在出生三個月之後，就開始做學習語言的準備。在「ㄅㄨㄅㄨ」、「ㄇㄜㄇㄜ」的喃語期，還有模仿自己聲音的自我模仿期之後，就開始進入獲得語言的他人模仿期。首先做利用耳朵聽語言的練習，然後了解「音」的意義，接下來也想把同樣意義的傳達給他人了解，因此使用發聲器官發出聲。這一連串的作用必須由腦來學習。

在剛出生時，左腦的「語言區（感覺性、運動性）」就好像沒有寫上任何東西的白紙一樣。人類的嬰兒用耳朵聽到的「音」記憶在該處，反覆學習好幾次之後，開始了解「音」和「意義」的關係。

這時，負責了解語言的是「感覺性語言區」，而說話的運動機能，則由「運動性語言區」來負責。很多人認爲了解話語和會說話是同一件事情，但事實上是在不同的部位進行的，所以並非不會說話就不能夠了解語言的意義。

感覺性語言區位於圍繞左腦聽覺區的「顳上回」與「顳中回」（＝「韋尼克區」的後方部分）。運動性語言區則在左腦「額第三回」的後半部，也稱爲四十四區和四十五區（＝「布羅卡區」）。

「感覺性語言區」與「運動性語言區」的作用

運動性語言區
（布羅卡區）

在額聯合區的語言區，是使用「說話」、「寫字」等肌肉的部位

受傷

雖然了解對方所說的話，但是無法說或寫出來

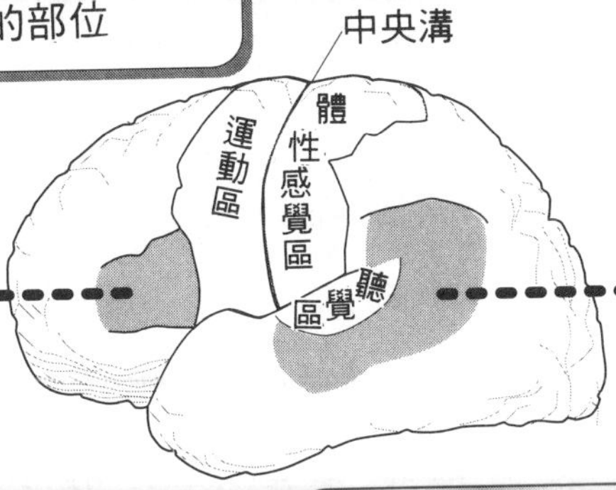

感覺性語言區
（韋尼克區）

位於顳聯合區的語言區，可以了解「說出的話」及「寫出的字」

受傷

雖然發音和文法沒有錯，但是卻會說一些毫無意義的話語。即使聽了別人說的話，也很難了解到底是什麼意思

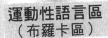

◆音訊息的重要度由「網樣體」來區分

睡著的母親在聽到自己孩子的呼喚時，會敏感的察覺到這個聲音。嬰兒在半夜想要吃奶時，母親再怎麼想睡也會立刻清醒過來，餵孩子吃奶。

此外，在擁擠的車站或遊樂場迷路的孩子大叫「媽媽」時，母親會敏感的聽出孩子的聲音。即使不同人發出大小相同的聲音，或是在睡覺時發出聲音，然而腦中早就已經存在只對重要的音或聲產生反應而清醒的系統。

其構造就是，音的聽覺刺激到達「聽神經」的同時，從腦幹的「網樣體」傳達到「丘腦非特殊核」。網樣體和丘腦非特殊核會判斷聽覺刺激的重要性，對於重要性較低的聲或音的訊息，就讓它停留在那裡，不予理會。

但是，如果聽到別人叫自己的名字，或是嬰兒哭鬧時，網樣體會判斷這是緊急的聽覺刺激，透過丘腦非特殊核，向整個腦送達趕快清醒的指令。因此，我們對與自己有關的聲或音會產生敏感反應。

傳入耳朵的音的信號大小雖然相同，但是依重要度的不同，由腦來判斷是否要傳達到理解聲音訊息的腦的相關部位去。例如，在交通噪音非常大的地方居住的人，可以不在意噪音的睡著，就是因爲這個作用發揮了效果，腦判斷根本不必醒來。

負責這個判斷的網樣體和丘腦非特殊核，隸屬於古皮質的神經細胞。很多動物的腦都具有同樣的機能，因此，會自動分辨聲響與同伴的叫聲，有時候放鬆，有時候則察覺到自身的危險。

分辨音的流程

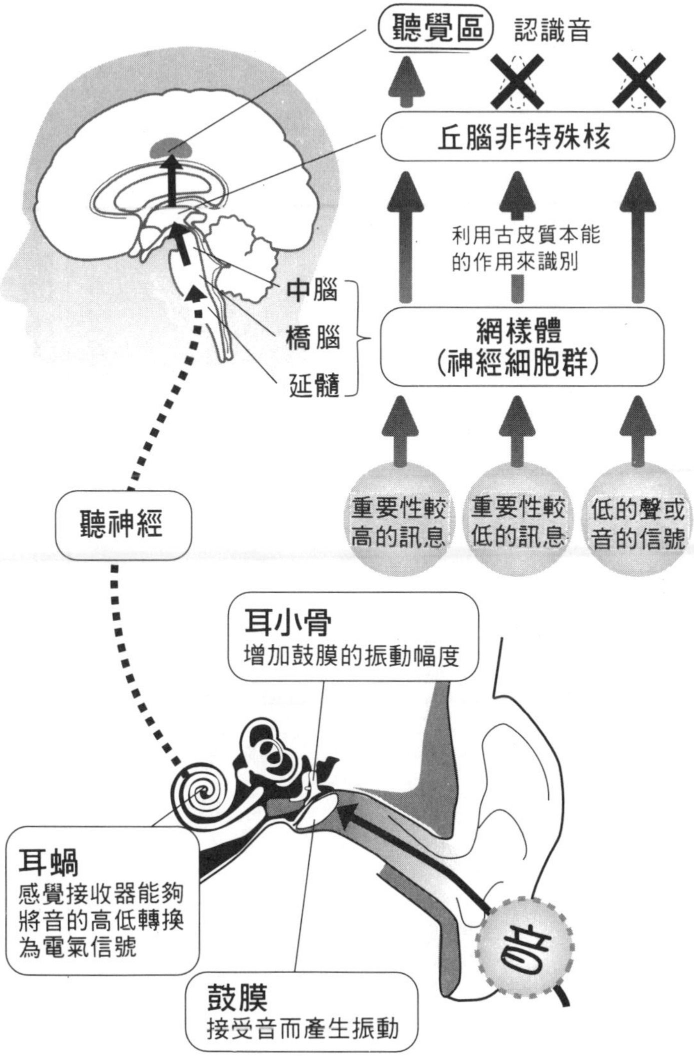
聽覺區
認識音
丘腦非特殊核
利用古皮質本能
的作用來識別
中腦
橋腦
延髓
網樣體
(神經細胞群)
重要性較
高的訊息
重要性較
低的訊息
低的聲或
音的信號
聽神經
耳小骨
增加鼓膜的振動幅度
耳蝸
感覺接收器能夠
將音的高低轉換
為電氣信號
鼓膜
接受音而產生振動
音

4 說話時的腦的作用

六歲以前學的語言全都會成為母語，其他全都被視為外語

◆母語與外語的不同

連接右腦與左腦的胼胝體，在出生後會慢慢的蓄積外界的資訊，然後形成粗大神經纖維的聯絡網。在六歲之前，胼胝體的聯絡網就完成了。能夠清楚的區分左腦與右腦機能的時間就在六歲。

能夠分辨語言的「感覺性語言區」，以及具有說話機能的「運動性語言區」，在六歲之前只由左腦形成。

也就是說，在形成語言區的六歲之前學會的語言都是母語。小孩到外國去，立刻就能夠學會當地的語言，這是因爲六歲之前是語言區迅速成長的時期，就算是新的他國語言也學得會，不管是聽或說，都能夠擁有和當地人完全相同的發音，連腔調都能夠完全相同。

六歲之前學會英語和日語的人，腦中會對等形成二種語言。爲了不忘記二種語言而一直同時使用，則長大成人時，二種語言都能夠成爲母語，說得很流利。而六歲之後的小孩，因爲腦比較發達，所以還是比大人更容易學會語言。此外，六歲時語言區已經完全完成，接下來所學會的語言在腦中已不是母語，會被視爲是外語。

語言機能的任務

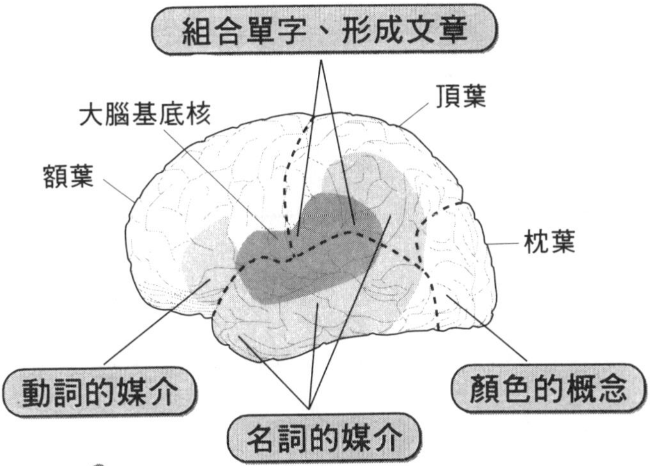

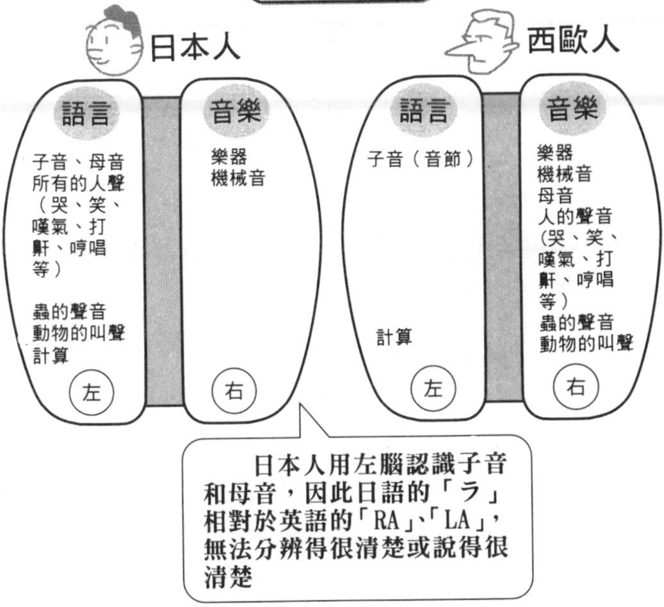

日本人用左腦認識子音和母音，因此日語的「ラ」相對於英語的「RA」、「LA」，無法分辨得很清楚或說得很清楚

◆人說話時和動物叫時所使用的腦不同

有人曾經做實驗分析海豚的叫聲，希望讓海豚和人交談。甚至有的實驗想要做到和黑猩猩等類人猿交談。

但是到目前爲止，並沒有任何實驗成功的報告出現。動物可以互相交換叫聲，而人會說話，這是因爲腦的功能全然爲不同次元所致。

人使用左腦的「語言區」來說話、閱讀、理解話語的意思，或寫信。但是思考、說話或想像寫的東西，或將情感轉移到書中主角的身上，並不光是使用語言區，還必須加入額葉之外的大腦新皮質的能力，進行高度作業，才能夠自由自在的操縱語言。想要和鳥或海豚互相交換叫聲，那完全是不同次元的想法。

額葉遭到破壞，連接左腦、右腦的胼胝體因意外事故而遭到破壞的人，即使語言區殘留下來，但也無法順利的說話。如果胼胝體遭到破壞，則右腦所認識的文字資料就無法傳達到左腦，結果將無法閱讀文字，也無法了解文字的意義。

據說海豚擁有很多「語彙」，包括傳送危險的信號或叫喚同伴的信號，但是能夠送出的「信號」有限。不具有如人的額葉般發達的腦，不能夠「創造」。即使再怎麼樣訓練，也僅止於會發出叫聲，無法如話語般的操縱自如。

海豚擁有和同伴交換叫聲的「信號」，但再怎麼高明的叫聲也無法成爲話語。想要讓動物和人說話，就算中間有技巧再高明的翻譯人員，恐怕都辦不到。

如何學會語言的使用方法

複誦語言時腦的作用

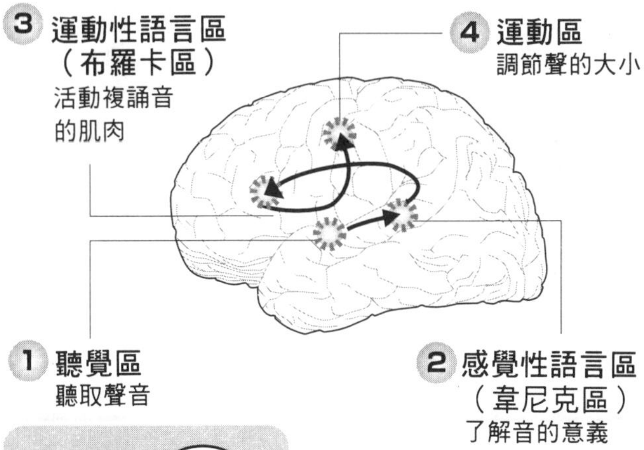

能夠將語言與其對象結合，但是無法組成單字、形成會話時，具有利用動作、發聲兩者同時來表示內容的傾向

隨著成長，語言和動作能夠結合在一起，學會有效率的語言使用方法

5 腦進行記憶的構造

記憶力與學習能力的關鍵掌握在海馬的突觸反應

◆記憶集中在海馬

提到記憶，一般想到的是記住歷史年號或幾年前發生的事情。不過記憶包括「認知記憶」與「運動記憶」二種。

認知記憶，是記住某人的名字或記住新的知識等記憶，而運動記憶則是記住身體的動作等。掌管認知記憶的是在大腦邊緣系的「海馬」。海馬隸屬於稱爲古皮質的「老舊腦」。古皮質和舊皮質構成的大腦邊緣系有三層構造，而其中只有海馬具有與新皮質相同的六層構造，所以特別具有高度的機能。

從眼睛或耳朵傳進來的訊息，是由分布於大腦枕葉和頂葉的知覺區的皮質加以認識，這個訊息會到達海馬，進行記憶作業。使用額葉想出來的抽象構思等訊息運送到海馬後，就會被記住。

但是，像疼痛、生氣、恐懼等心理訊息或性快感等，則是由丘腦下部來感受，並未到達大腦皮質，而是直接傳到位於丘腦下方的海馬加以記憶。而且這種訊息比來自於大腦皮質的訊息更能強烈的被記住。比起桌上的學習而言，經由體驗學會的事物，其較能夠長久記憶下來的理由就在於此。

海馬與其周邊的構造

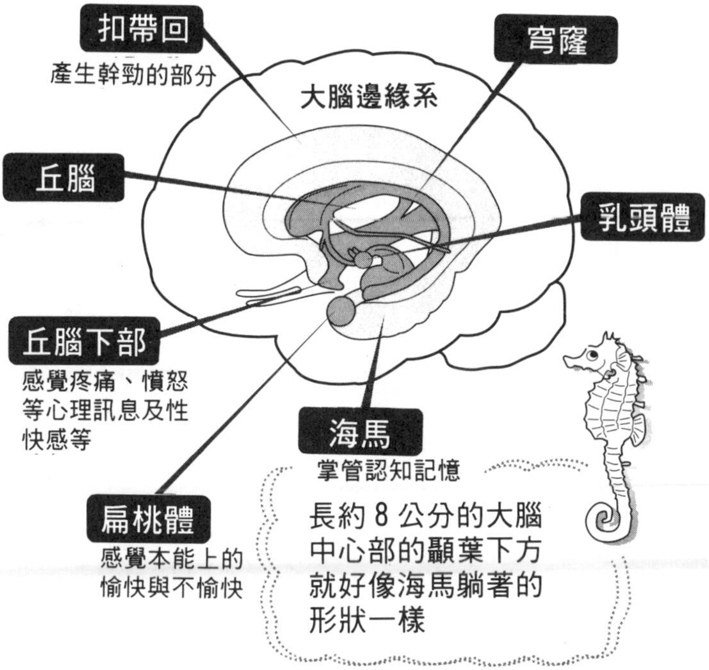

體驗時會大大動用知覺區，同時也會嘗到伴隨喜怒哀樂而來的感動。再加上來自於大腦新皮質的訊息，以丘腦下部爲主感覺到心靈訊息等，都會被強烈的記下來，成爲難以忘懷的回憶。

與海馬有密切關係的，是被稱爲「乳頭體」的小核，位於丘腦下部的後方。乳頭體和海馬是藉著稱爲「穹窿」的粗大纖維束相連。此外，海馬也和「前腦基底部」、「丘腦」緊密結合，這些在功能上具有密切的關係。

由海馬記憶的訊息會慢

慢的移到顳葉。

◆新形成的樹突、突觸使得記憶固定下來

「記憶」的真相是，透過突觸，從神經細胞流到另一個神經細胞的信號的組合。當新的訊息通過海馬，這時對於無數的神經細胞而言，到底哪一個信號應該流到哪一個神經細胞去才能夠使該信號重現呢？其信號的流通是由海馬來決定的。

使用老鼠進行記憶實驗。首先讓老鼠學習走迷宮，五分鐘之後以電擊方式使其昏睡，然後再讓老鼠學習迷宮，結果馬上就忘記了。可是在學習四小時之後同樣利用電擊使其昏睡，這一次就不會忘記迷宮了。在學習一小時之後就予以電擊，記憶力會稍微減弱。

也就是說，經由學習，信號通過突觸之後的幾小時內，神經細胞中應該會出現一些變化。亦即神經細胞之間流通傳遞質的形態和記憶之間會形成一致的作業。在才剛記憶之後就予以電擊，並無法形成一致的作業，因此記憶無法固定下來。

神經細胞的細胞質，是由一千多種的蛋白質所構成的，有很多「核糖核酸（RNA）」，這也和蛋白質的合成有關。信號流通到神經細胞中時，核糖核酸增加、活化，所以得知核糖核酸有助於增強記憶能力。

「信號通過時，藉著這個刺激，神經細胞形成新的樹突，同時也形成一些新的突觸，於是成爲新的記憶固定下來。」在記憶方面，核糖核酸的活化也需要一些時間，

記憶的構造與分類

記憶的神經迴路

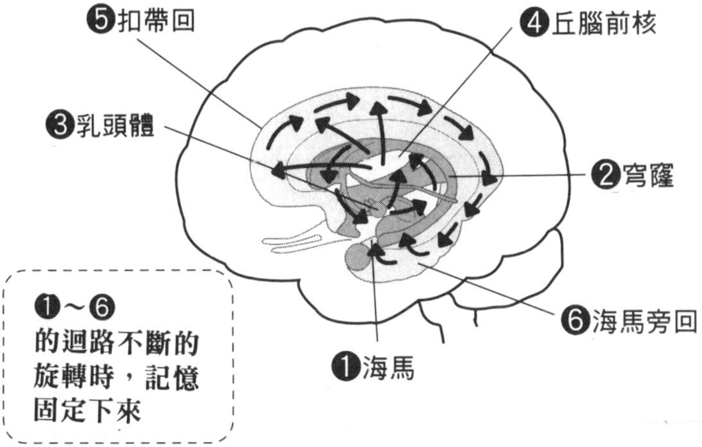

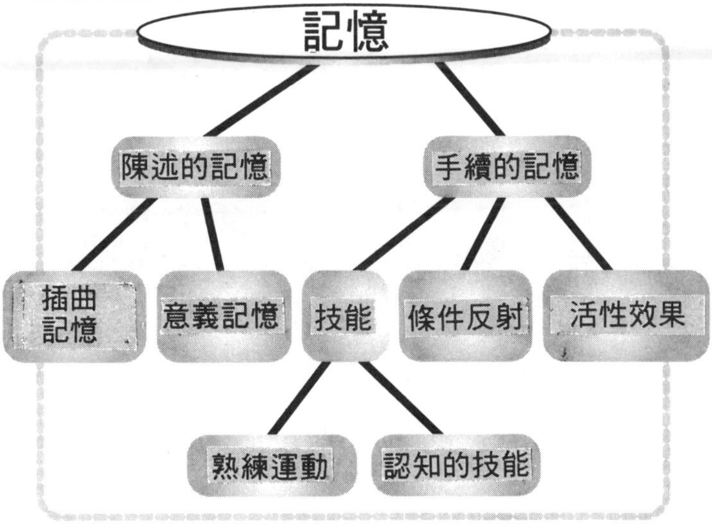

（根據 Squire, 1986）

因此需要花一段時間才能夠使記憶固定下來。這也是合理的解釋。

◆蓄積在海馬的三年份的記憶會移到顳葉

如果海馬因爲意外事故或腫瘤等而遭到破壞，則在意外事故發生三年以上之前的記憶仍然非常明確，但是，事故剛發生的三年內的記憶卻會含混不清。

海馬受損的人，記不住新事物。就好像筆記本上有很多空白頁，但是沒有筆就無法在上面寫下任何東西的狀態。這是因爲海馬對於應該記住的事情不會立刻成爲流入大腦神經細胞的脈衝的迴路而記住，首先是由海馬自己進行記憶。

海馬自己首先進行記憶，然後慢慢的將記憶移到大腦的神經細胞。而要移到與此記憶相連的顳葉下方，需要花三年的時間。因爲意外事故而使得海馬遭到破壞的人，三年以上之前的記憶依然殘留，就是將其視爲已經移到顳葉的記憶之故。

海馬自己記住的三年份的記憶稱爲「短期記憶」，移到大腦之後的記憶稱爲「長期記憶」。如果記憶順利，則貯存長期記憶之處主要是在大腦的「頂聯合區」與「顳聯合區」，這個位置就在於顳葉下側前端的海馬上側。

海馬是利用顳葉下側前端貯存記憶，然後這些記憶會慢慢往上移動。

其構造目前還無法完全了解，不過比較新的記憶可能會出現在海馬的隔壁，不久前的記憶會出現在顳葉下側，而比較古老的記憶則會出現在顳葉的上方或頂葉。

暫時記憶與長期記憶的構造

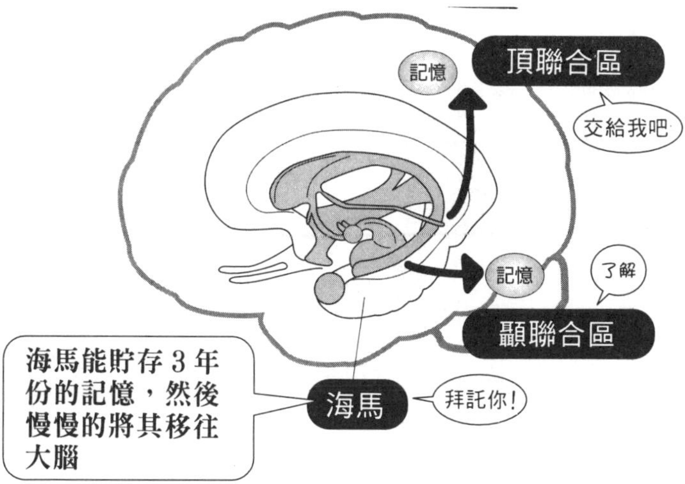

頂聯合區
交給我吧

拜託你!

1 訊息藉著視覺、聽覺、觸覺等掌握之後記憶下來（保持 1 秒左右）

2 **暫時記憶** 海馬能夠蓄積幾分鐘之內的資訊（蓄積 3 年份的記憶）

3 **短期記憶** 海馬周邊的神經迴路會將記憶保持數天

4 **長期記憶** 記憶的神經迴路不斷的旋轉時，傳達刺激，提高了電位反應，這種容易興奮的狀態，能夠長期持續下去（持續數個月～一生）

了解
顳聯合區
海馬能貯存 3 年份的記憶，然後慢慢的將其移往大腦

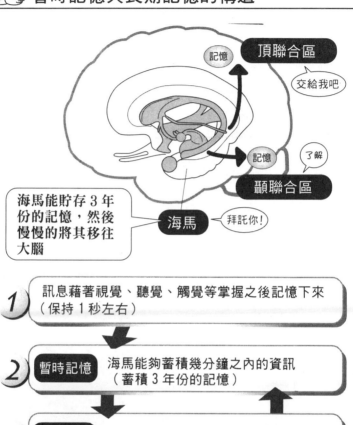

6 腦的記憶量有極限嗎？

理論上腦的記憶量為十億台個人電腦的分量！

◆即使記住圖書館內所有的藏書也仍有餘力

人腦的記憶量到底有多少？個人電腦內的「硬碟」記憶裝置通常是四GB、八GB等大容量。如果是個人所使用的個人電腦，這樣的記憶容量已綽綽有餘。

一個位元組（byte）是由八位元（bit）所構成的。一bit是訊息傳遞的最小單位，以「〇」與「一」來做區別，Giga則是其十億倍的單位，也就是二的三　次方，約十億bit。

發明世界最早的電腦的方・諾曼，估計人腦的記憶容量爲十的二十次方bit。假設「一生中應該經驗到的事情全都記憶下來」，而將一兆bit的一億倍載入十GB的個人電腦，大約需要十億部電腦的記憶容量才能完全容納，這也就是腦的記憶容量。

關於這個試算公式，有人認爲人也會有忘記的事情，因此記憶量應該是十的十三次方到十五次方。而這時就約等於一千部到十萬部電腦的記憶量。總之，在將大圖書館中的所有藏書全都收錄進去之後，其記憶容量仍行有餘力。

人類的記憶構造模型圖

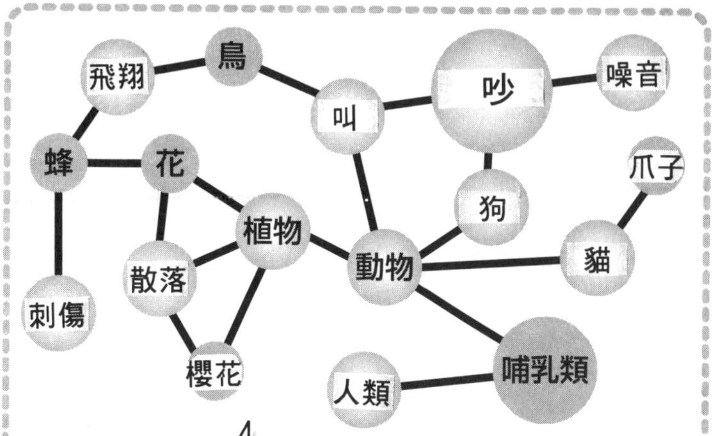

　　將相關的資訊或概念相近的網絡整理記憶下來。這種資訊處理的方式就稱為「活性效果」。

10 Gigabyte（80 Gigabit）是指本書5萬本的的資料量。理論上，腦可以記憶其 10 億倍份的資料。

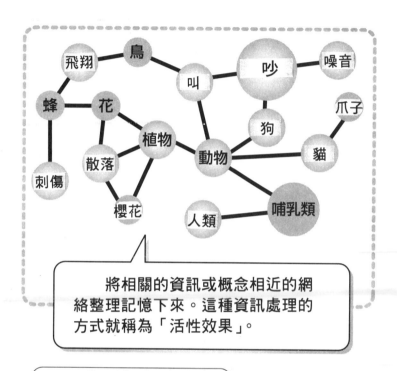

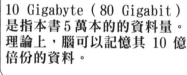

為何會出現「一時想不起來」的情況？

記憶在腦中的事物一生都不會消失嗎？

◆記憶的迴路有時候會生鏽

既然腦具有約十億部電腦的記憶容量，但是，爲什麼會忘記記住的事情呢？人要喚起先前貯藏的記憶時，必須重新啓動從神經細胞到神經細胞之間複雜糾纏的樹突中的信號，使記憶重現。一個神經細胞並不是一個記憶，而是以信號流通迴路的形態來進行記憶。

神經細胞有幾千到幾萬個突觸，關於一個記憶，神經細胞的數目也很多，而鮮明記憶因爲會想起好幾次，所以喚起這個記憶的神經細胞迴路上容易有信號流通。

相反的，一直想不起來或遺忘的記憶，就是因爲與此信號流通有關的神經細胞已經死亡，或者信號流通的樹突斷裂，因此無法順利重現。

同樣的事情想了好幾次，漸漸的，很多突觸都會與此記憶有關，信號流通的樹突數目與粗細也會增加。如果是很少想起來的事物，則要讓記憶重現的信號的流通就會含混不清，所以無法靠自己的力量想起來。

另一方面，關於孩提時代的片斷記憶，有時在和父母回憶往昔時，又會形成一個完整的記憶出現。此外，也可能會因爲父母的一番話而重新想起來。

也就是說，忘記記憶時，不見得資料就全都從腦中消失了，只不過是使得記憶重現的迴路被切斷了。記憶既然是迴路的形態，那麼只要得到一些訊息，使得被切斷的迴路相連，就能夠使記憶復甦。

使記憶重現的構造

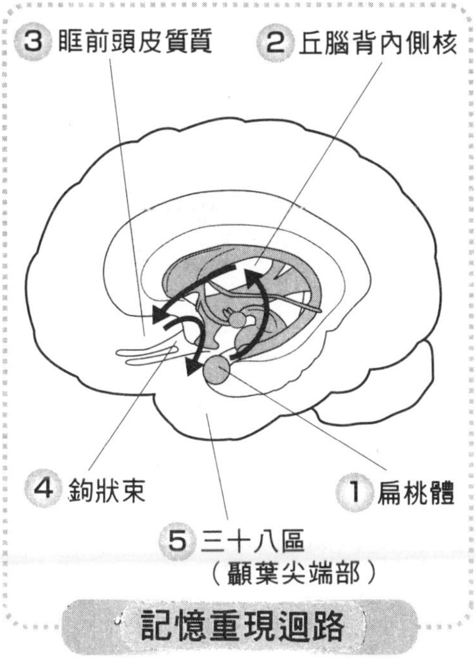

8 為什麼運動神經會有差距？

用大腦學習、用小腦控制身體，就能夠使運動純熟

◆所有的運動都由小腦來記憶

「認知記憶」是藉著海馬作用來進行記憶，而掌管「運動記憶」的則是小腦。孩提時代學自行車時，都是由父母扶著自行車而學會方法的吧！在練習時，漸漸就學會了抓住龍頭的秘訣，一旦學會怎麼騎，就不會忘記了。

樂器和自行車一樣，技巧愈純熟，就愈能夠彈奏出美妙的音樂。也就是說，這是利用身體而學會的運動的記憶。負責這部分運作的則是小腦。在練習騎自行車或彈奏樂器時，腦中會產生什麼樣的活動呢？

跨在自行車上的孩子想要好好的騎自行車時，大腦新皮質就會拚命的保持身體的平衡。而這時大腦會對於利用粗大神經纖維相連的小腦皮質，傳達出身體肌肉傳送過來的相同運動訊息的信號。

小腦皮質的主要作用在於「浦肯野細胞」。小孩的腳用力過度而跌倒時，大腦就會透過「爬行纖維」，將「這個運動失敗的訊息」傳達到小腦的浦肯野細胞。浦肯野細胞中有鈣離子進入，產生「做這個運動時來自『平行纖維』的輸入信號今後將拒絕接受」的作用。

運動記憶所製造出來的模型構造

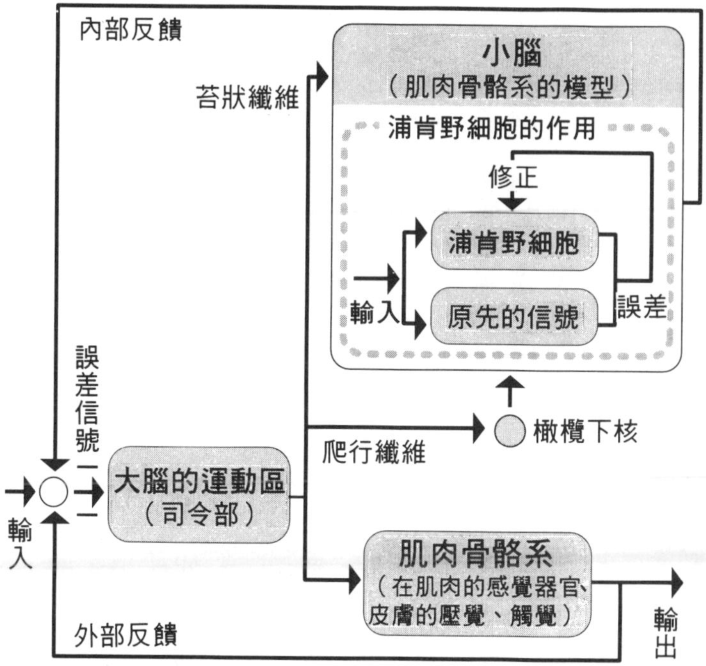

也就是說，在快要遭遇相同的失敗時，小腦的浦肯野細胞不接受該信號。在失敗好幾次之後，失敗的運動信號不再流入，這時很自然就能取得正確的平衡。

以腦的功能來說，不懂得運動的人，就是因爲失敗經驗太少的緣故。使用身體的訓練，是爲了減少失敗而進行的訓練。

這個運動記憶與海馬的作用無關。反覆演練理想姿勢的運動選手，其認知記憶同樣的能夠強化流入小腦中神經細胞的信號迴路，因此，就形成了隨時都可以重現理想姿勢的運動記憶。

◆利用半規管和耳石器掌握身體的平衡

學騎自行車時，最困難的部分就在於如何取得平衡，避免跌倒。這時認識身體平衡的感覺稱爲「平衡感覺」，由在耳的「內耳」的「半規管」及「耳石器」來掌握身體的旋轉和傾斜。

其構造十分巧妙。在洗臉盆裡裝水，就好像轉動把手似的，在洗臉盆邊緣迅速旋轉，只有洗臉盆會動，裡面的水不會動。只要掌握這個水的動作的訣竅，就可以了解旋轉和傾斜的訣竅。半規管和耳石器就是應用這個原理的構造。半規管當中充滿著淋巴液，排列著有毛細胞。當頭傾斜或旋轉時，淋巴液會移動。淋巴液的移動，則是由有毛細胞的毛的動作感覺到，透過腦幹，將有毛細胞的訊息傳送到小腦。

半規管的有毛細胞朝著三個方向延伸管子，所以頭腦的動作能夠以立體的方式加以掌握。小腦基於這個訊息，察覺到頭旋轉的方向與速度。耳石器裡也有有毛細胞，它是藉著在膠狀液體中移動的耳石來了解有毛細胞的毛彎曲，及頭前進的方向與加速度，然後由腦幹將訊息送達小腦。

小腦藉著來自於半規管和耳石器的資訊來掌握身體的平衡感覺，取得身體的平衡，調節眼球的位置。這時，從大腦傳來的視覺訊息和身體的運動訊息，由小腦加以綜合判斷，和大腦皮質一起決定接下來該怎麼做才能夠變成安全的運動。

如果故意把身體旋轉好幾次，則即使身體動作停止了，但還是會有頭暈或站立不穩的現象。這是因爲半規管的淋巴液的活動及耳石器的耳石搖動尚未停止的緣故。

取得平衡感的構造

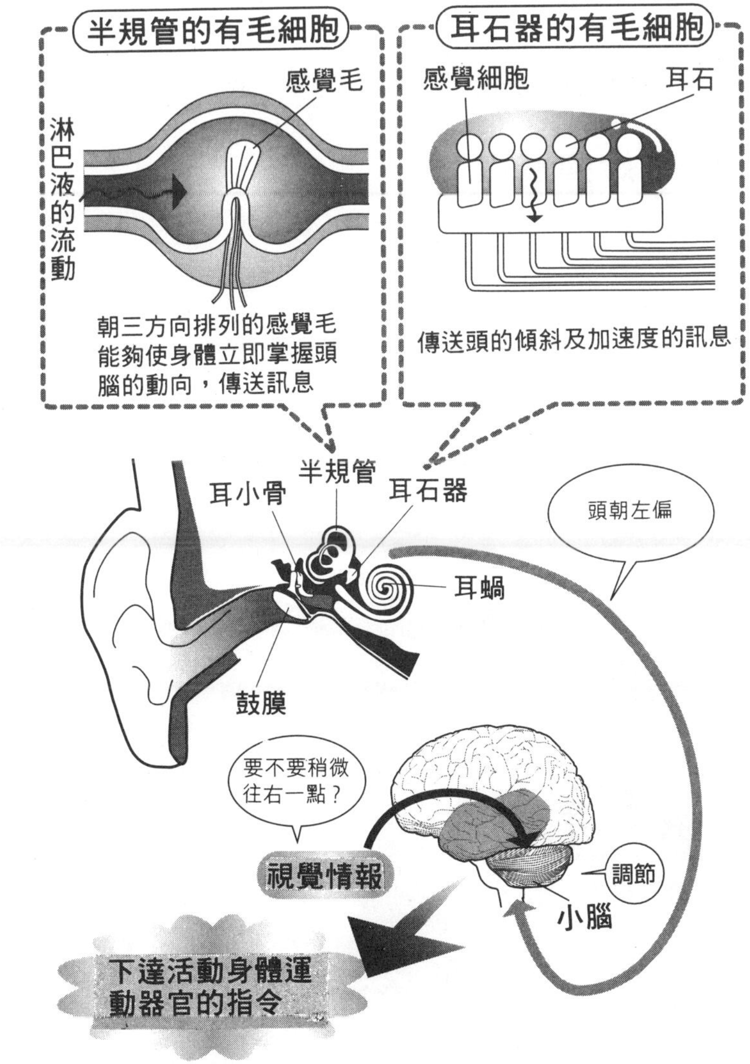
半規管的有毛細胞
感覺毛
淋巴液的流動
朝三方向排列的感覺毛能夠使身體立即掌握頭腦的動向，傳送訊息
耳石器的有毛細胞
感覺細胞
耳石
傳送頭的傾斜及加速度的訊息
半規管
耳小骨
耳石器
耳蝸
鼓膜
頭朝左偏
要不要稍微往右一點？
視覺情報
調節
小腦
下達活動身體運動器官的指令

「心」的動態與「腦」的作用具有微妙的關係

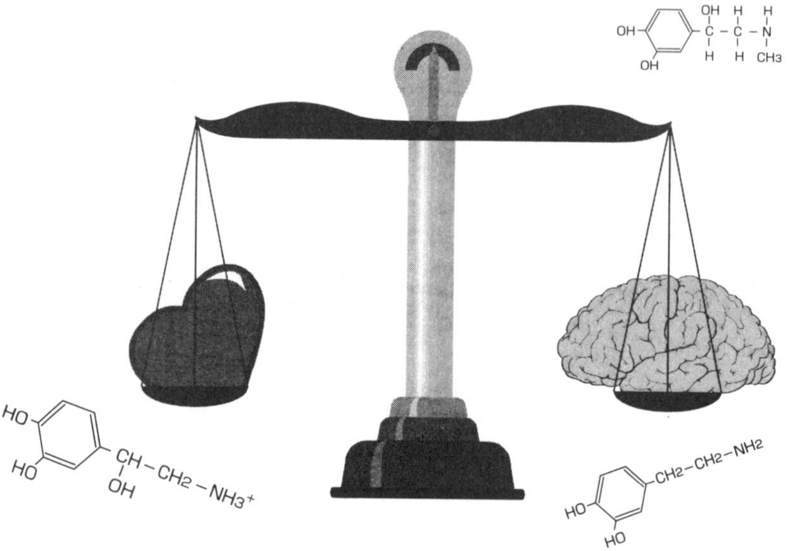

PART 4

心與腦的關係

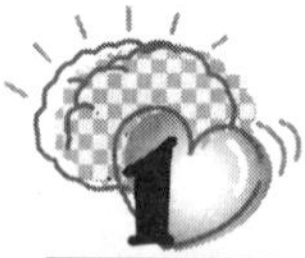

「心」在腦的何處？

在十二種心的作用中，關於感情、意思、自我意識還在解析當中

◆心是整個腦總動員而產生出來的

腦科學將心的作用，列舉出如下十二種。包括認知、運動控制、情緒、記憶、學習、睡眠、清醒、認知的意識、思考、語言、注意、感情、意思、自我意識——這些心靈的活動，是由神經細胞所聚集而成的大腦皮質來進行的。

但是，一一列舉出來的難道全都是人的「心」的活動嗎？事實上也不是如此。像運動控制或注意等，貓或狗等動物也會，因此，是要所有的作用綜合起來才能夠發揮「心」的機能。

但是「感情」、「意思」、「自我意識」這三項，則是其他動物所沒有的機能，而且很難測定。這才是人真正得以爲人的「心」的要件。這是非常高度的機能，基本上和其他的作用同樣的，也算是大腦皮質對於來自外界刺激的一種反應。

耐人尋味的是，據說只有人才發達的大腦新皮質，就是「心」的寄宿處。

所謂「傷心」的時候，比大腦新皮質更接近本能的古皮質、舊皮質會受到損傷。古皮質、舊皮質的部分，具有控制感情和意思的機能。而整個腦都發揮機能，才能夠形成「心」吧！

腦科學分類的12種心的作用

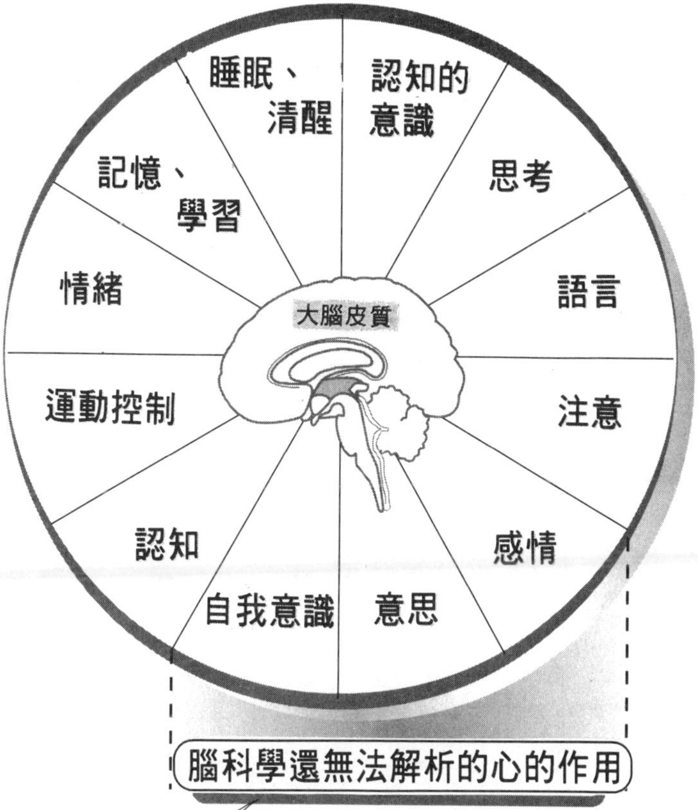

「感情」除了生物學的價值判斷（愉快、不愉快等）以外，還加上文化、社會要素，以及主觀性，因此無法客觀的加以測定。尤其像「主動的意思」的表現構造，目前仍無法完全了解

感情是來自於何處？

僅僅十五毫米的扁桃體中隱藏著複雜的感情秘密

◆感情中樞在「丘腦下部」與「扁桃體」

人比其他動物更能夠充分的感受到喜怒哀樂等「感情」，控制這感情的則是「丘腦下部」與「扁桃體」。

對貓的「丘腦下部」部位進行電氣刺激，貓會毫無理由的找尋發怒的對象。也就是說，丘腦下部集中了「食慾」、「性慾」、「團體慾」三大本能，此外也是睡眠慾望等「本能的」無意識慾望的中樞，同時也是喜怒哀樂等情緒中樞。

其次再對貓的「扁桃體」部位以電氣進行刺激，結果瞬間出現激烈的怒氣，而當刺激一停止就立刻恢復原狀。

由這兩項實驗得知，丘腦下部和扁桃體都具有控制喜怒哀樂感情的機能，而且似乎是由扁桃體做最後的判斷。

扁桃體對於掌管本能的丘腦下部以及貯存記憶的「下部顳葉」會雙向通過粗大的神經纖維，互相交換大量的訊息，然後進行狀況的分析及判斷，決定最後的感情。扁桃體是類似杏仁狀的球形，長十五毫米，位於和顳葉前端與海馬相鄰的古皮質處。由此可知，從器官的成立到喜怒哀樂的原型，在古老腦的時代就已經輸入程式了。

產生心的「扁桃體」與「丘腦下部」

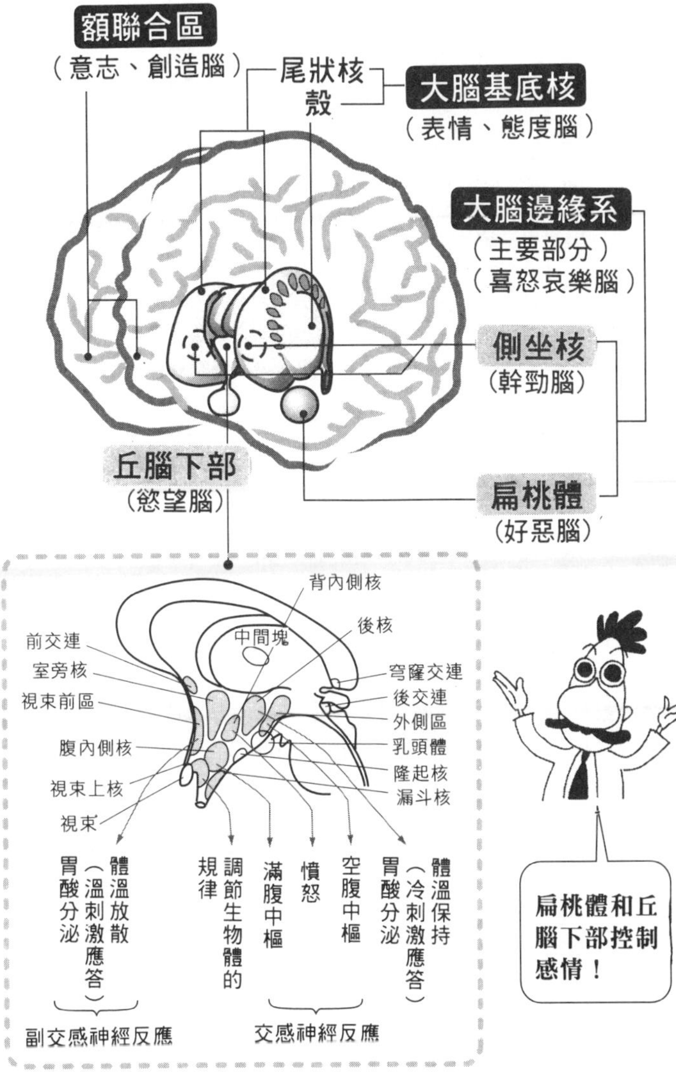

◆腦幹分泌出感情荷爾蒙

由扁桃體做最後判斷的感情，使用神經傳遞質送到腦內時，會使用約二萬個稱爲「無髓神經系」的神經細胞團體。這也是一種「小型腦」，會控制與感情有關的神經傳遞質的分泌。

調查無髓神經系所在的部位，發現沿著腦幹，各系列排成四列。腦幹的外側二列稱爲A系列，內側二列稱爲B系列，由下依序是A系列，由A1神經系到A16神經系，B系列則由B1神經系到B9神經系，A系列內側有平行的三個C系列。

A1～A7神經系會分泌「憤怒」與「清醒」的荷爾蒙「降腎上腺素」，而A8～A16神經系則會分泌「快感」的荷爾蒙「多巴胺」。C系列則會分泌「恐懼」的荷爾蒙「腎上腺素」。A1～A7當中，A6神經最大，分泌最多的則是降腎上腺素。A6神經核就在腦幹的正中央，是藍黑色的，因此稱爲「青斑核」。B系統的神經纖維與AC系列的神經纖維平行，抑制AC的荷爾蒙分泌。此外，也會引導睡眠，所以也稱爲「睡眠中樞」。

藉著這些神經傳遞質，對於整個腦做出快感、放鬆、生氣、緊張等指示，影響整個腦的活動。像生氣或悲傷時會胃痛，恐懼或緊張時心跳加快，也是由於腦幹所產生的感情荷爾蒙的作用所造成的。多巴胺的分子是由「苯環」的一種所形成的有機化合物，進化爲哺乳類之後才能夠成爲神經傳遞質來使用。

傳遞快感・憤怒・恐懼的「ABC神經」

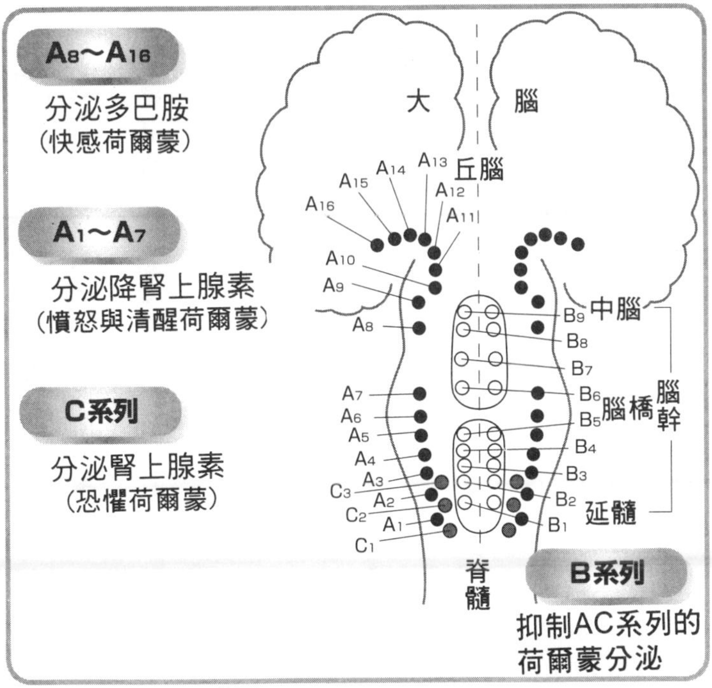

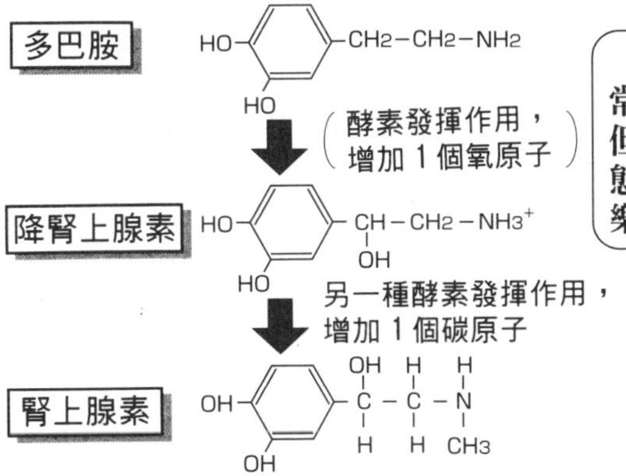

3 為什麼會喜歡特定的人？

「好惡」的選擇決定權在額葉！

我們可能會喜歡特定的人，或是在同性朋友當中，也會有特別親密或討厭的人。這種好惡的感情，是人類特有的，其他動物並沒有。爲什麼人類會對特定異性產生好惡呢？

這是由人最發達的「大腦新皮質」高度發揮作用的結果。大腦新皮質的「額葉」具有喜歡人、愛人的機能，同時也具有創造或產生幹勁等的機能。

喜歡對方的溫柔，想像肉眼看不到的性格，從多方面分析判斷兩人的相合性，而喜歡對方。

◆好惡的判斷掌握在「額葉」

由額葉所培養的「好、惡」的判斷，受到個人成長環境或體驗等價值基準及美的意識的影響極大。會選擇像父親或母親的人，或者是在無意識中選擇以往成長的舒適環境。

此外，也會考慮到對方的經濟能力或地位等，這是因爲在無意識中不希望過得太辛苦，希望過著快樂生活的價值基準發揮了作用，而以此爲考量重點來選擇對方。人對於他人的喜好有各種不同的理由。

「額葉」的作用與感情的關係

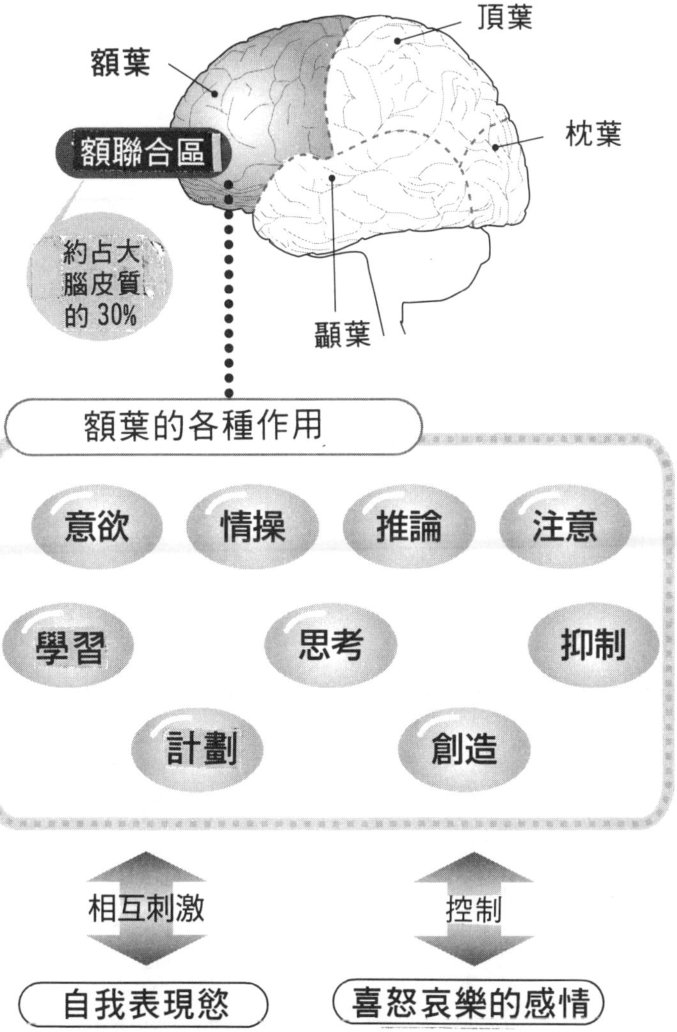

◆舊皮質、古皮質的「好惡」情感

人類的「好、惡」不光是受到額葉的支配，也會受到位於掌管感情的舊皮質、古皮質的「丘腦下部」及「扁桃體」的影響。

即使是完全沒有見過面的人，只要甘苦與共，就會對對方產生一種親密感。像參加運動競賽的團體戰，寢食與共，一起練習，對於勝敗的喜悅或懊悔能夠產生共鳴的人，不管是同性或異性，都會覺得特別的親切。相反的，對於在同樣的境遇下處於敵對關係的對手，則會抱以深切的憎惡感。

這與其說是額葉的作用，還不如說是丘腦下部和扁桃體發揮了情緒性的「愉快、不愉快」的判斷所致。一起度過艱辛時日而產生了充實感，或一起品嘗美食，而認知到這個人在本能的部分能夠和自己產生共鳴。事實上，這個扁桃體就是會對於過去的記憶或體驗和目前實際所呈現的人事物或狀況加以比較判斷的感覺訊息的所在部位。

對食物的好惡也具有類似的現象。面對過去覺得很難吃的食物，會輸入「不愉快訊息」，如果吃到美味的食物，就會輸入「愉快訊息」，等到下一次就會湧現喜歡或不喜歡的感情。

生理上有喜歡或討厭聽到的聲音，當然也可能是在過去的記憶中扁桃體所記住的感覺訊息在神經細胞上反映出來的緣故。亦即事後調查就會發現，基本上「喜好」的部分在額葉，其他的「情感」部分，則由丘腦下部和扁桃體控制。

來自「嗅覺」及「視覺」的愉快、不愉快訊息送達腦

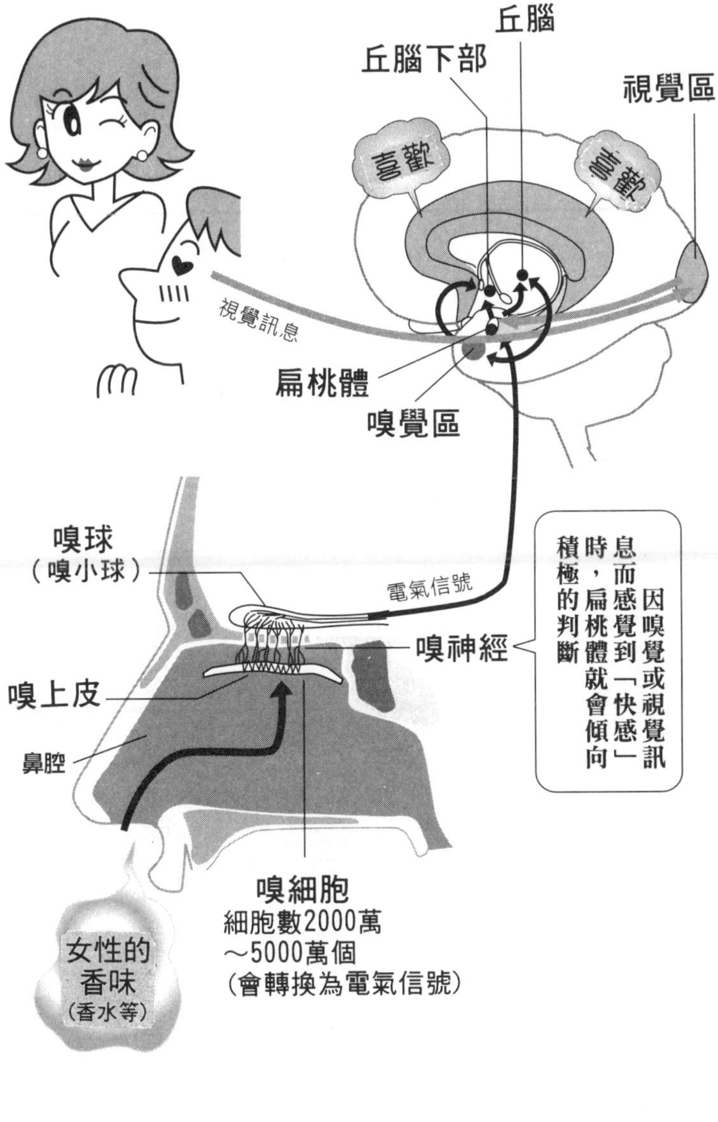

「幸福的感覺」是什麼樣的狀態？

快感神經分泌多巴胺，同時送達腦內

◆幸福感覺的根源來自「A10神經」產生的快感荷爾蒙「多巴胺」

鼓起勇氣向喜歡的人告白，說出你愛他，而對方也喜歡你。這時心中就會充滿幸福的感覺。事實上人會感覺到幸福，是因爲腦中的快感中樞（神經系）分泌了快感荷爾蒙「多巴胺」。

快感中樞的「A10神經」，是分泌多巴胺的A8～A16神經系當中最大的一條。A10神經開端於腦幹上方的「中腦」，沿著中腦往上延伸，到了前方時改變方向，通達腦中心部的「丘腦下部」的下側，然後來到前方額的位置。另外一方面又朝向「側坐核」延伸，同時還有一邊朝向前端與「額聯合區」相連。

而側坐核是直徑二・五毫米的小核，成爲額聯合區和其他腦的接點，控制額聯合區的作用。

這裡分泌快感荷爾蒙，因此，會在腦的意識部分形成大的幸福感。

A10神經通過的部分，和腦從事精神活動的部分完全吻合。所有動物當中只有人有A10神經，藉著由此神經所分泌出的多巴胺之賜，人才會嘗到「幸福的感覺」。

「A10神經系」的途徑

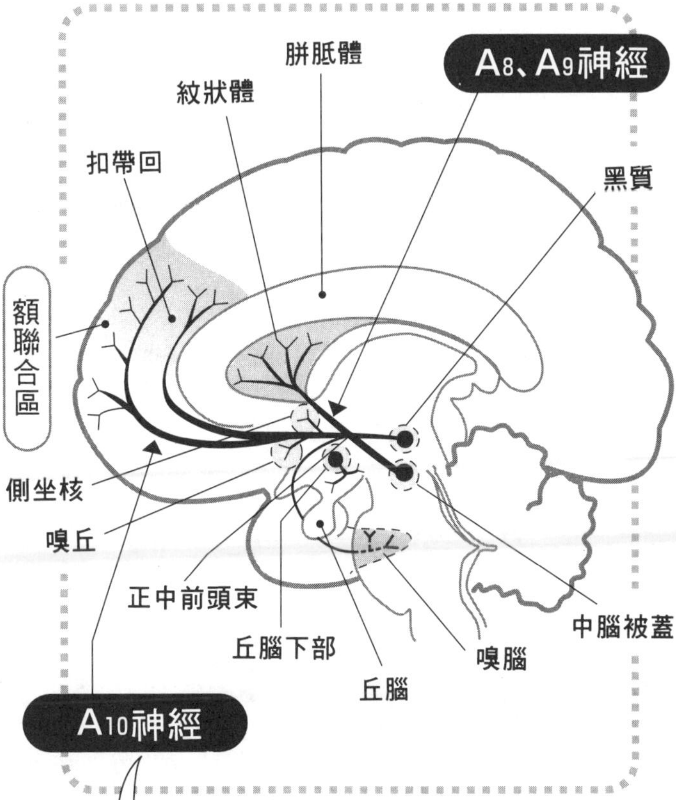

A10 神經所產生的快感荷爾蒙，會對於掌管人類的「意思」及「感情」的額聯合區發揮作用。

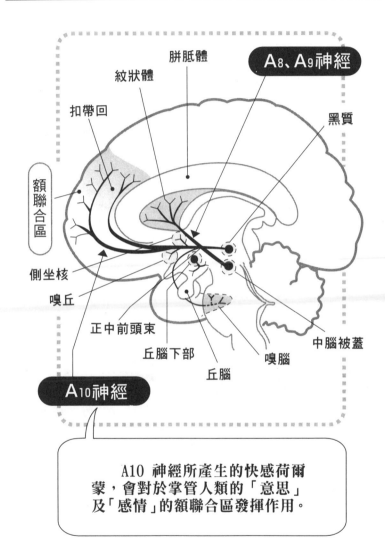

◆快感荷爾蒙「多巴胺」創造人

快感神經系的A10神經，涵蓋於食慾中樞和性慾中樞所在位置的丘腦下部，到人會展現旺盛活動的額葉，涵蓋了所有會感覺到快感的部分。例如，人類進行性行為時感覺到深切快感的真相，就是A10神經朝向丘腦下部的性慾中樞分泌多巴胺的緣故。

快感神經所到之處分泌多巴胺，這個情形會令人感覺到幸福。當多巴胺分泌出來時，這個神經分布的位置周邊部會感覺到幸福，同時能夠形成一種更積極的刺激。

性慾得到滿足時，接著食慾得到滿足，食慾滿足之後，接著就會使用額葉進行創造活動，繼續展現其他的慾望。

人會感覺到這種「幸福的氣氛」，是因為腦比較大的緣故。人類的大腦一旦巨大化，A10神經也會變長、變得巨大化，結果，額聯合區周邊的末端部位的「自動接收體」就會遭到破壞。自動接收體是，接收到荷爾蒙傳遞過來的信號之後，就會不希望再分泌荷爾蒙，具有抑制分泌荷爾蒙的作用。

在A10神經的額聯合區以外分泌的神經傳遞質，全都有自動接收體發揮作用，在收到信號的同時，立刻做出停止分泌荷爾蒙的指示。

但是，額聯合區則不具有「不要再分泌快感荷爾蒙多巴胺了」的指示機能，因此會過剩的分泌出多巴胺。這個過程的快感信號能夠提高創造力，加速文明的誕生。

支配精神活動的腦內物質

	腦的狀態	物質名稱	作用
慾望	產生幹勁時	促甲狀腺激素	刺激甲狀腺，促進代謝
	感覺有興趣時	促腎上腺皮質激素	活化神經迴路
	清醒時	降腎上腺素	刺激覺醒中樞
	覺得想睡時	血清素	刺激睡眠中樞
	集中精神時	促黃體生成激素	活化意識中樞
	集中精神時	β內啡肽	阻斷不需要的訊息
	感覺內疚時	生長激素釋放意志因子	抑制代謝
感情	感覺愛情時	促性腺激素	刺激性腺
	感覺愛情時(女性)	LH	使得皮膚及容貌更美
	母親的愛情	催乳激素	促進乳汁分泌
	感動時	β內啡肽	感覺麻痺
	滿足、快感	多巴胺	刺激本能的快感
	不安、恐懼	腎上腺素	形成適合逃走的生理狀態
	不安、恐懼	降腎上腺素	形成適合逃走的生理狀態
	憤怒	降腎上腺素	適合鬥爭的生理狀態
智能	頭腦清晰時	乙酰膽鹼	活化神經細胞
	頭腦清晰時	促腎上腺皮質激素	活化神經細胞

為什麼看到喜歡的人會心跳加快？

由於對於自律神經的刺激，因此會臉紅心跳

◆自律神經系和內分泌系的作用使得心跳加快

全力短跑之後，不管是誰都會心跳加快。看到喜歡的人在面前時，就好像和運動時一樣，也會心跳加快，面紅耳赤。

心跳加快，是因爲控制整個內臟器官的自神經系統和內分泌兩者的作用造成的。統合這兩種作用的，則是，「丘腦下部」。

丘腦下部掌管憤怒和恐懼的感情、性慾、食慾中樞及動物本能的行爲與感情。遇到喜歡的人時，沈睡於丘腦下部的古老本能記憶喚醒了交感神經，因而使得交感神經興奮，心臟加跳。

對於跳動快速的心臟，拚命的想要加以制止的則是大腦新皮質。必須遵守社會立場或避免難爲情的感覺，這些意識會發揮作用，因此額葉會控制人，避免愛情或性衝動。心理學認爲人在與感情無關的興奮狀態時，遇到異性會產生特定的興趣或好感。十幾歲的年輕人容易出現感覺像「戀愛」的情形，就是因爲在生理機能發達的階段，會因爲一些小事就心跳加快，因此，對於此時遇到的異性就誤以爲「喜歡」上對方了。

「生物體恆常功能」的作用

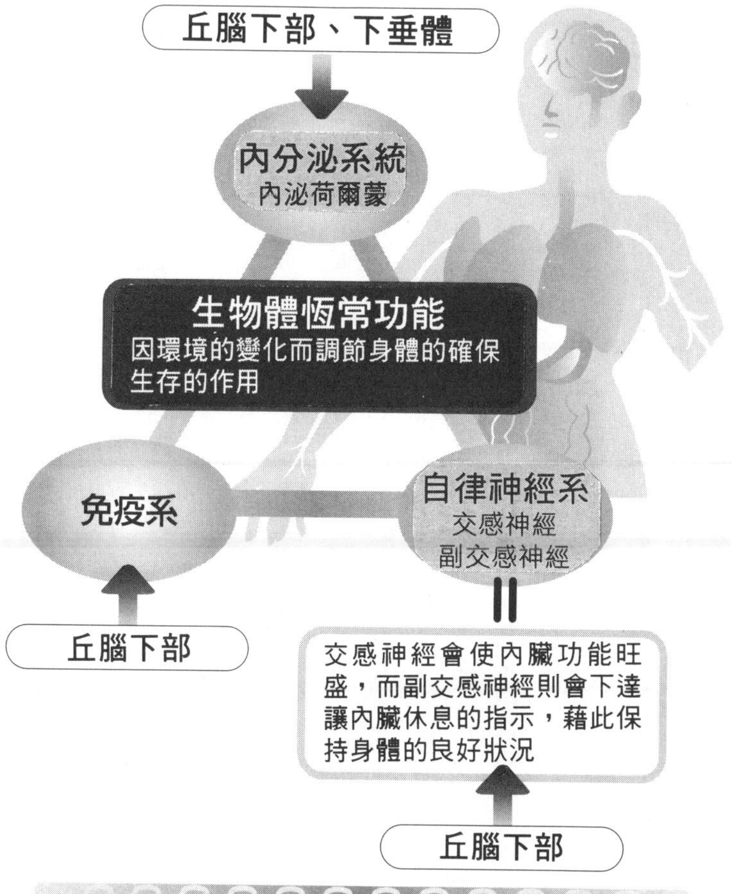

一跑步就會心跳加快，一熱就會流汗，或是肚子餓等，全都與生物體恆常功能有關。腎臟或肺等內臟器官是一對的，這也是生物體為了確保安定而留下「餘地」的作用。

想和喜歡的人「做愛」也是受到腦的影響嗎？

藉著第一性慾中樞與第二性慾中樞的作用產生慾望

想要和喜歡的人「做愛」的構造，也就是擁有促進生殖構造的，就在於「丘腦下部下垂體系」。

因爲對於人類的生存而言具有重要的任務，因此性慾中樞有第一、第二之分。第一性慾中樞就在丘腦下部的「內側視束前區」。這裡有很多女性荷爾蒙、男性荷爾蒙及腎上腺皮質荷爾蒙的接收體，和來自大腦邊緣系的神經相連。所以第一性慾中樞已經被輸入了脫離「理性」而接近本能的促進性衝動的程式。

◆男性的第一性慾中樞為女性的二倍大

男性的「內側視束前區」爲女性的二倍大，所以想要「做愛」的性衝動，男性比女性強二倍。現在H系的雜誌大多是以男性爲主要的銷售對象，就是因爲男性在性行爲方面比較積極的緣故。當然，這也是受到來自於腦的構造的影響。

在人的身體當中，分泌性荷爾蒙的器官包括卵巢、精巢和腎上腺皮質，主要分泌的則各是女性荷爾蒙、男性荷爾蒙與腎上腺皮質荷爾蒙。

但是，不管哪一個器官，都會產生男性荷爾蒙與女性荷爾蒙。這些分子構造類似的男性荷爾蒙會產生女性荷爾蒙，或者也有相反的情況出現。

丘腦下部想「做愛的腦」和「進行性行為的腦」

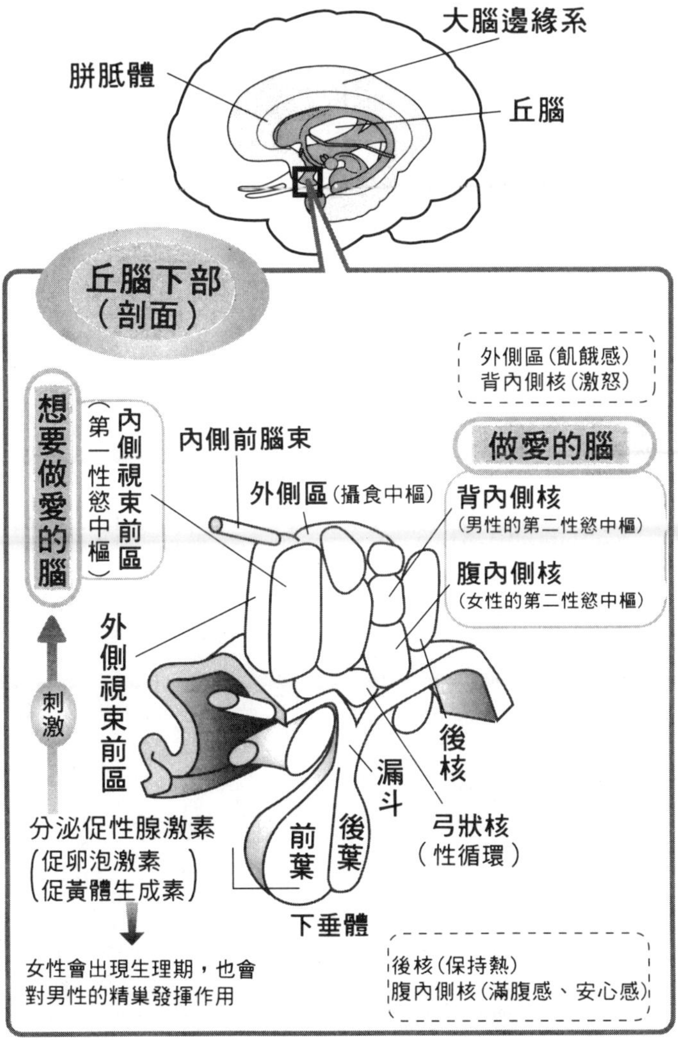
大腦邊緣系
胼胝體
丘腦
丘腦下部
（剖面）
外側區（飢餓感）
背內側核（激怒）
做愛的腦
背內側核
（男性的第二性慾中樞）
腹內側核
（女性的第二性慾中樞）
想要做愛的腦
內側視束前區
（第一性慾中樞）
內側前腦束
外側區（攝食中樞）
外側視束前區
刺激
後核
漏斗
弓狀核
（性循環）
後葉
前葉
下垂體
分泌促性腺激素
（促卵泡激素
促黃體生成素）
女性會出現生理期，也會
對男性的精巢發揮作用
後核（保持熱）
腹內側核（滿腹感、安心感）

◆失戀時荷爾蒙會失調

此外還有第二性慾中樞，不過男性和女性是在不同的地方。女性是在丘腦下部的「腹內側核」，而男性則在「背內側核」，就在女性的相反側。和第一性慾中樞同樣的，以體積來看，女性只有男性的二分之一。就女性而言，距第二性慾中樞僅僅二毫米遠就有滿腹中樞。

男性的情況則和女性不同，第二性慾中樞是在感覺空腹、刺激食慾的攝食中樞旁邊。也就是和女性相反，在「肚子餓」的情況下會性慾高漲。男性有飢餓感時，覺得已經面臨到生命的危機，於是就會發揮想要保存種族的機能，因而想要進行性行為。而且「激怒」的感情也在附近。

但是，第二性慾中樞存在於滿腹中樞或攝食中樞，卻會造成困擾。

女性一旦失戀就會有飲食過度傾向而發胖，這是因為在丘腦下部腹內側核的第二性慾中樞受到疼痛的打擊，甚至連滿腹中樞都引起問題，無法感覺到滿腹感。

或是相反的，因為自己的戀情沒有得到很好的結果而失去食慾，這稱為「神經性食慾不振症」。將這類患者的尿注射到實驗用的大鼠體內，結果大鼠也沒有食慾而死去。由此可知，一旦失戀之後，腦內荷爾蒙平衡失調就會造成機能異常。據說食慾不振的原因是產生了肽荷爾蒙。

總之，食慾中樞和性慾中樞位於腦中相鄰之處，的確是很耐人尋味的事情。

讓人一到春天就想談戀愛的「松果體」的作用

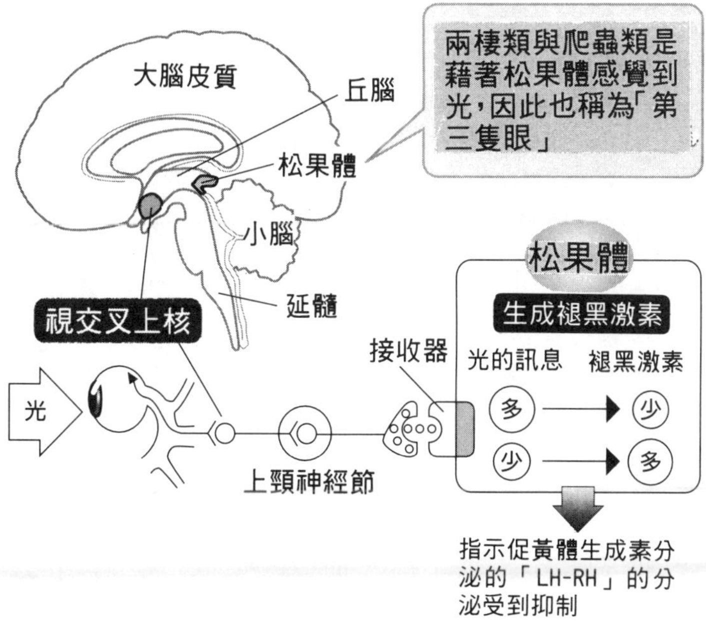

到了春天，受到光的刺激的時間增長

↓

褪黑激素的分泌減少

↓

LH-RH的分泌增加，促黃體生成素的分泌也增加

↓

性慾高漲，想要談戀愛

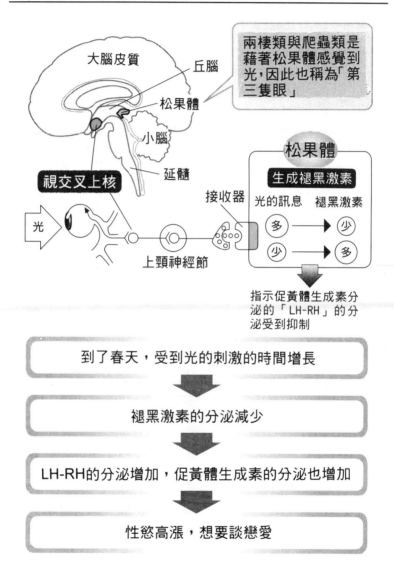

為什麼悲傷時會流淚？

悲傷的眼淚充滿壓力成分與ＡＣＴＨ

◆眼淚具有排出壓力成分與ACTH的作用

人在悲傷時會哭泣而淚流滿面。調查淚的成分，發現裡面有促腎上腺皮質素「ＡＣＴＨ」物質。當承受強烈壓力時，與此壓力產生反應，腦中就會形成ＡＣＴＨ。淚就是排出這個壓力而產生的成分，ＡＣＴＨ溶入淚中，排出體外。

流很多淚時覺得很愉快，就是因爲由悲傷而產生的壓力被沖掉了的緣故。在若無其事的情形下採取淚來調查，發現裡面沒有ＡＣＴＨ。

如果在生氣、痛苦時忍住哭泣，就不會排出ＡＣＴＨ，而會殘留在體內，導致內臟或全身緊張。爲了健康著想，想哭的時候不要忍耐，就盡量哭吧！

在眼上外側有製造淚的「淚腺」。透過該處的「淚腺神經」，通過「顴神經」和腦相連，接受流淚的指示。

淚的原料是血液，使用血液的血清成分製造出來的。淚使得眼睛表面濡濕之後，就從在下眼瞼接近鼻子附近的「淚點」這個孔通過「淚小管」，積存在「淚囊」，從「鼻淚管」流到鼻子，被鼻孔內的黏膜吸收。悲傷時會流出眼淚，就是因爲這個系統無法完全把淚回收，於是淚就流到臉頰上了。

淚產生的構造及其作用

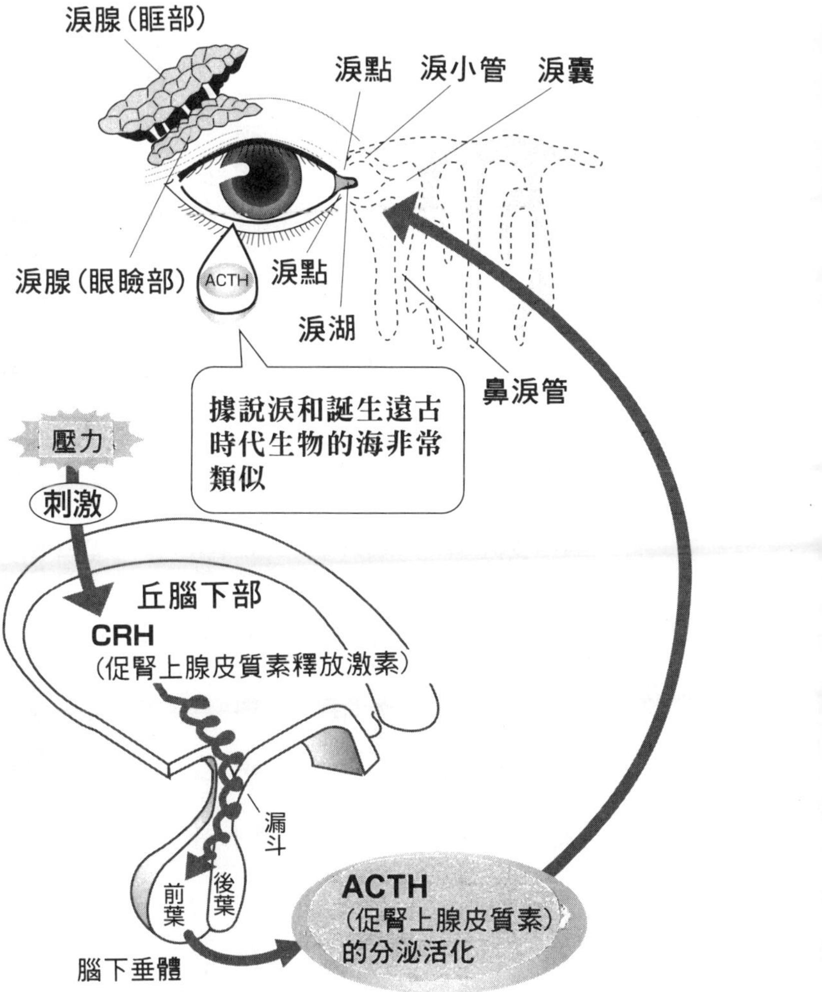
淚腺（眶部）
淚點
淚小管
淚囊
淚腺（眼瞼部）
ACTH
淚點
淚湖
鼻淚管
據說淚和誕生遠古時代生物的海非常類似
壓力
刺激
丘腦下部
CRH
（促腎上腺皮質素釋放激素）
漏斗
前葉
後葉
腦下垂體
ACTH
（促腎上腺皮質素）
的分泌活化

8 男與女的身體不同，而「腦」也不同嗎？

連結右腦與左腦的「胼胝體」產生「男人講道理」及「女人歇斯底里」的現象

◆男腦、女腦的分化從胎兒開始

右腦與左腦各自有拿手的領域。右腦能夠認識空間，具有享受音樂的機能。左腦則是語言腦，會說話，懂得計算。如果就男女來比較右腦與左腦，則男性右腦的功能比女性發達。

男性胎兒在懷孕四～五個月時，就會從自己的精巢分泌男性荷爾蒙「雄激素」。雄激素對於成長發達的腦發生作用，形成男性腦，也就是所謂的「男腦」。沒有受到雄激素影響的腦則稱為「女腦」。

德國在第二次世界大戰末期的一九四五年，生下具有同性戀傾向男孩的比例達到顛峰狀態，這是因為母親受到戰爭極度壓力的影響，使得男的胎兒無法充分分泌雄激素，導致腦中性化的結果。雖然身體帶有男性性器，但是腦卻無法變成男性腦，構造方面也比較接近女腦。

男性右腦發達的原因，可能和遠古時代男性所扮演的角色有密切的關係。男性必須具有分辨獵物、野生動物叫聲的能力，正確看清逃走的獵物的能力，以及確實運用弓箭或斧頭砍殺獵物的認識空間能力等，因此右腦的能力提高。由於體驗的不同，因

「雄激素」對於腦的性分化造成的影響

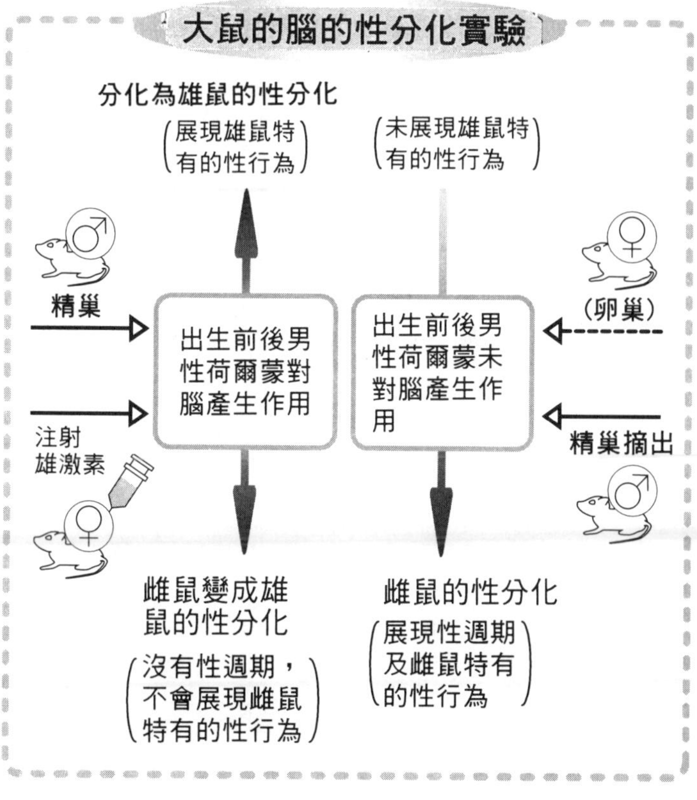
大鼠的腦的性分化實驗
分化為雄鼠的性分化
（展現雄鼠特有的性行為）
（未展現雄鼠特有的性行為）
精巢
注射雄激素
出生前後男性荷爾蒙對腦產生作用
出生前後男性荷爾蒙未對腦產生作用
（卵巢）
精巢摘出
雌鼠變成雄鼠的性分化
（沒有性週期，不會展現雌鼠特有的性行為）
雌鼠的性分化
（展現性週期及雌鼠特有的性行為）

由於成長時與雄激素的作用無關，因此女性腦應該是屬於基本型

此造成腦的男女差異。

◆男人講道理，女人歇斯底里

連接右腦與左腦的「胼胝體」中，有「交連纖維」通過，使得左右取得緊密的聯繫。但是，胼胝體的「膨大部」有男女差異，男性呈棒狀、比較弱，女性則膨脹爲圓球狀。通過女性膨大部的纖維包括枕葉皮質，以及來自顳葉後半部的神經纖維較多，因此可以使用這個部分交換視覺訊息及聽覺、語言訊息。

調查胼胝體和語言能力關係的測驗結果，得知膨大部的球狀部分較大的女性，語言能力較高。而男性方面，語言能力的「側性化」持續進行，變成只有左腦具有掌管語言能力的能力。所以，只有男性才會出現結巴的現象。

那麼，是不是女性就比較講道理，可以滔滔雄辯呢？事實上也不是如此。除了連接左右大腦新皮質的胼胝體之外，還有連接左右舊腦的「前交連」神經纖維細束。女性的細束比男性的粗。這也包括來自顳葉的交連纖維，以及來自舊腦的「嗅覺區」和「扁桃體」的交連纖維。在這方面，男性右腦與左腦的側性化很進步，而女性則是左右取得緊密聯絡。

所以，來自於舊腦的本能的喜怒哀樂等情緒的活動，與男性相比，女性更能夠在腦內旺盛的發揮作用。男腦接收到來自於舊腦的喜怒哀樂的資訊比女腦少，因此比較講道理。而女腦由於這類資訊太多，因此無法控制語言或感情，於是變得歇斯底里。

男女的「胼胝體」與「前交連」的大小不同

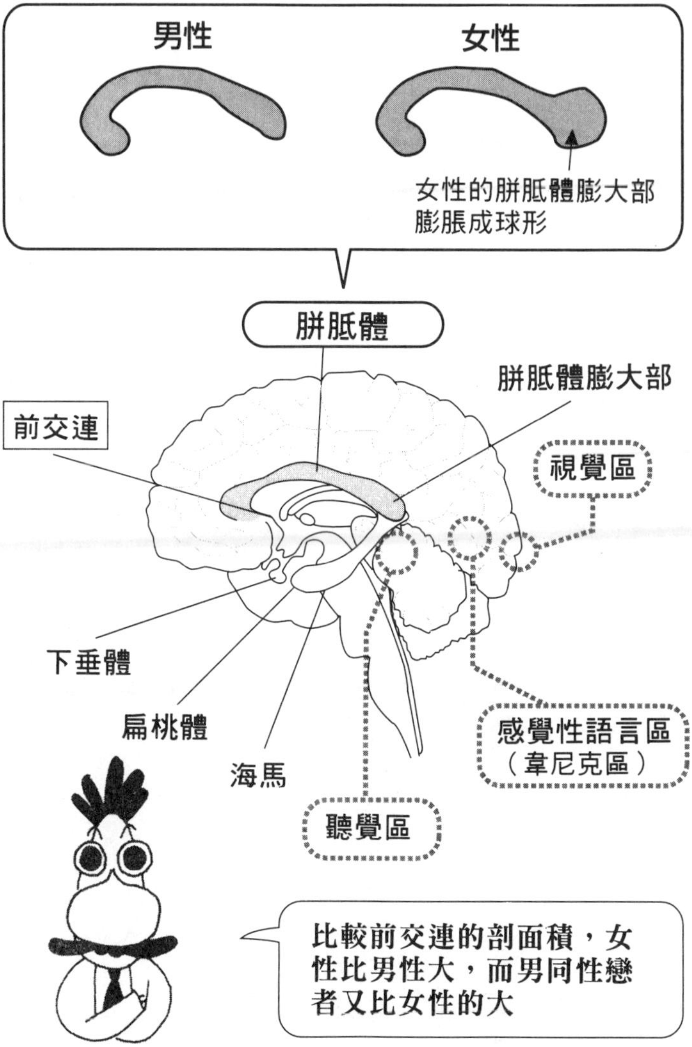

9 性格與腦有關嗎？

「扁桃體」壞掉會得憂鬱病嗎？「海馬」壞掉會變成雙重人格嗎？

◆人的性格會因扁桃體而改變

個人的腦機能的微妙差距，對於人的性格會造成極大的影響。

比較直接的說法是，扁桃體的能力對於個人的性格會決定出方向來。扁桃體旺盛的發揮作用，收集來自於額葉、丘腦下部及下垂體的資訊，冷靜的做出指示時，人就擁有溫和的性格，能夠做正確的判斷。

幫助扁桃體的，則是在其旁邊的海馬。扁桃體將其收集的資料貯存在海馬，這個短期記憶成爲決定自己感情時的根據。

這些大腦邊緣系旺盛的發揮作用，就能夠建立「溫厚人格者」的性格，這是重要的條件。一旦扁桃體壞掉，就無法在感情上做決斷，形成優柔寡斷的狀態，最後變得無力氣，甚至出現憂鬱病的性格。

海馬的功能不良時，短期記憶的出入無法順利進行，因此，無法保持知性及感情的連續性。可能會突然情緒大變，記憶飛散，呈現雙重人格的情況。

小時候有父母注入深切情愛的孩子，其以扁桃體爲主的大腦邊緣系的神經細胞會順利的成長，能夠擁有溫厚的性格。

「扁桃體」的作用及對於性格的影響

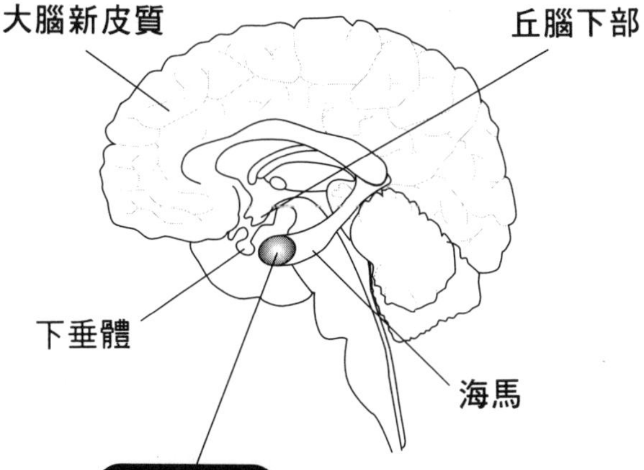
扁桃體

扁桃體

與整個大腦新皮質都有密切的關係，和掌握性格、食慾、憤怒、攻擊等的丘腦下部一起對於最根本的慾望進行最後的決斷

切斷猴子的扁桃體

- 展現旺盛的性行為，但也出現飲食過度等異常行動
- 記憶力衰退，頭腦不靈活，恐懼的感情遲鈍

＝

喜怒哀樂的感情判斷無法與其他的部位連結，無法抑制自己的行動

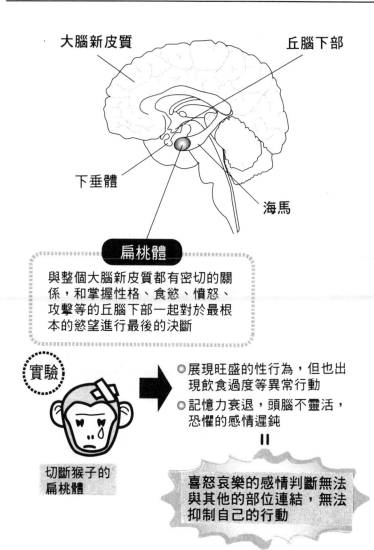

◆大腦邊緣系敏感的人比較內向

關於性格與腦有關的研究，自古以來就非常盛行。

英國的心理學家漢斯・愛森克，將雨果的「外向性、內向性的性格類型」的想法發揚光大，以生物學的觀點加以解析。他認爲腦的「上行性腦幹網樣體活化系」敏感的人比較內向，不是這樣的人則比較外向。

網樣活化系的機能敏感，就表示大腦邊緣系的「海馬」、「扁桃體」、「扣帶回」、「隔核」、「丘腦下部」容易反應。一旦這些部分受到刺激，則整個大腦皮質會處於比較容易清醒的狀態。但是刺激太強時，爲了保護腦免於受到刺激，會發揮「制止超限」的抑制刺激的作用，結果反而會降低大腦皮質的清醒水準。

也就是說，會警戒到來自於外界的強烈刺激，而產生不加以反應的消極態度，阻止腦接受刺激，因而產生內向的性格。

相反的，外向的人只有在受到太強烈的刺激時，才會造成大腦皮質容易清醒的狀態。也就是對於喜怒哀樂的訊息不會過於敏感的反應，經常能夠開放的接受刺激。外向的人與內向的人相比，情緒起伏較少。感受性較強的人，內向傾向也較強的理由就在於此。大腦邊緣系也稱爲內臟腦，會自動調節內臟功能的「內臟腦」在每次受到刺激時，如果都能夠抑制刺激，就不容易成爲發胖的體質。這個想法和利用體型分析性格的做法相符合。

體型與精神病的關係

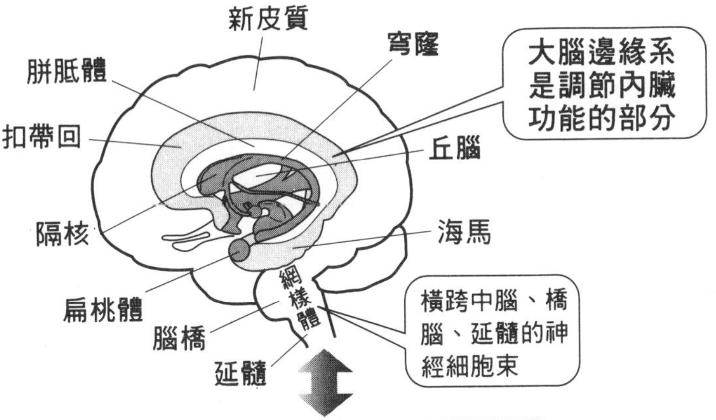

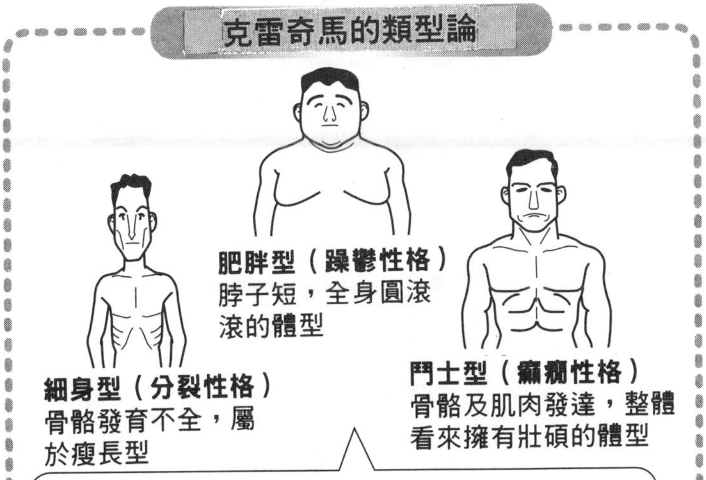

克雷奇馬認為躁鬱病患者有3分之2都是「肥胖型」。分裂症患者約50%是「細身型」，如果再加上鬥士型，則其比例達到3分之2

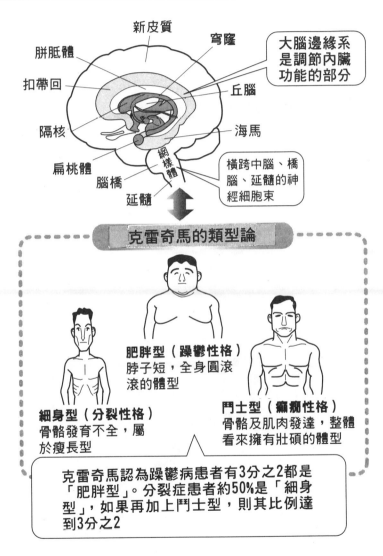

探索各種精神疾病及
阿茲海默型痴呆侵襲腦的原因

PART 5

腦與心會生病

1 心的病與腦的關係

身心症的原因在於微量的神經傳遞質

◆身心一體

人在精神受到打擊時，腦中神經傳遞質的流通會變得不順暢。原本應該自動發揮作用的自律神經無法順暢的發揮作用，這種情形總稱爲「身心症」。症狀包括心律不整、支氣管氣喘、慢性肝炎等，表面化的症狀範圍相當的廣泛。自律神經密切的掌握所有的內臟，因此，有可能引起任何症狀。

日本精神身體醫學會將身心症定義爲「以身體症狀爲主，但是，其診斷與治療必須特別考慮到心理因素的病態」。

原因在於心，因此，如果只注意到出現在身體的症狀，就算治好一種疾病，接下來還是會發生其他的疾病，病情會不斷的轉移。如果在不知不覺中治療，就算再怎麼治療，恐怕都無法停止看門診。

有慢性下痢煩惱的人，被診斷爲大腸炎而動手術，但是卻完全無效，轉到精神內科經過精神治療之後，疾病就痊癒了。也就是說，如果知道自己在無意識之中非常煩惱的原因，就能夠做好加以應付的心理準備。因爲受傷的心靈痊癒了，自律神經也就能夠正常的發揮作用，因而治好了身體的疾病。

自律神經系的模型圖

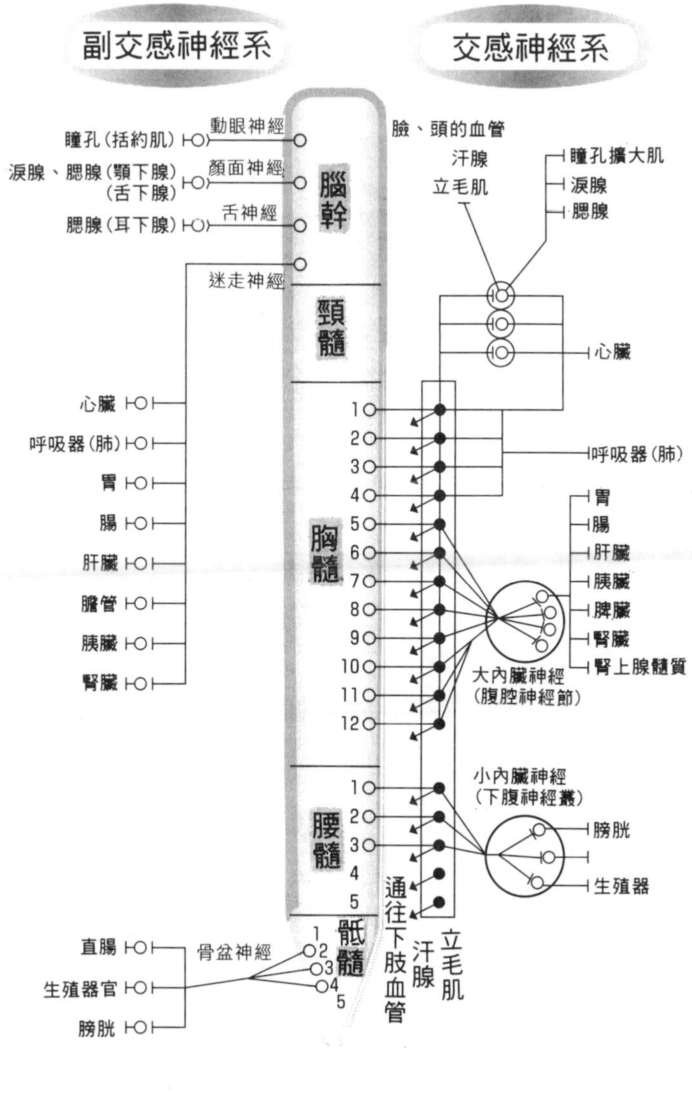
副交感神經系
交感神經系
動眼神經
瞳孔（括約肌）
顏面神經
淚腺、腮腺（顎下腺）（舌下腺）
舌神經
腮腺（耳下腺）
迷走神經
腦幹
頸髓
胸髓
腰髓
骶髓
心臟
呼吸器（肺）
胃
腸
肝臟
膽管
胰臟
腎臟
骨盆神經
直腸
生殖器官
膀胱
臉、頭的血管
汗腺
立毛肌
瞳孔擴大肌
淚腺
腮腺
心臟
呼吸器（肺）
胃
腸
肝臟
胰臟
脾臟
腎臟
腎上腺髓質
大內臟神經
（腹腔神經節）
小內臟神經
（下腹神經叢）
膀胱
生殖器
通往下肢血管
汗腺
立毛肌

●包括在身心症症狀範圍內的主要疾病與症狀●

循環器官	本態性高血壓、本態性低血壓、雷諾病、神經性狹心症、心肌梗塞、發作性上室性頻脈
	期外收縮及其他如心律不整、心臟神經症
呼吸器官	支氣管氣喘、神經性呼吸困難症、神經性咳嗽
	打嗝
消化器官	消化性潰瘍、慢性胃炎、胃下垂、潰瘍性大腸炎、慢性胰臟炎、過敏性大腸症候群、膽囊症、神經性食慾不振（厭食症）、心因性過食症、神經性嘔吐症等疾病
	食道痙攣、賁門及幽門痙攣、吞氣症狀等症狀
內分泌系統	肥胖、糖尿病、心因性多飲症、甲狀腺機能亢進症等
神經系統	偏頭痛、肌肉緊張性頭痛、自律神經失調症
	頭暈、手腳冰冷、知覺異常、慢性疲勞
泌尿器官	夜尿症、遊走腎（浮動腎）
	尿漏、陰痿、神經性頻尿
骨骼肌肉系統	慢性關節風濕、全身性肌肉痛、頸肩臂症候群、外傷性頸部症候群
	關節痛、背痛、腰痛、發抖
皮膚科領域	神經性皮膚炎、異位性皮膚炎、地中海型禿頭症、慢性蕁麻疹、過敏性皮膚炎
耳鼻喉科領域	梅尼埃爾症候群、過敏性鼻炎、慢性副鼻腔炎
	嗅覺障礙、耳鳴、重聽、暈車、聲音嘶啞
眼科領域	眼睛疲勞、中心性視網膜炎、原發性青光眼
	眼瞼下垂、眼瞼痙攣
婦產科領域	經痛、經前緊張症、無月經、無排卵性月經、婦女不定愁訴症候群
小兒科領域	小兒氣喘、起立性調節障礙、週期性嘔吐症
	心因性發燒、噁心、心悸亢進、心臟病
手術前後的狀態	腹部手術後愁訴（腸管沾黏症）、胃切除後症候群
齒科領域	顎關節症、口內炎、口腔黏膜潰瘍
	牙痛、口臭症、精神性腦貧血症（齒科不快症候群）、磨牙、吸吮唇（手指）癖、口腔異常感

疾病與中樞神經的關係

身體疾病的情況

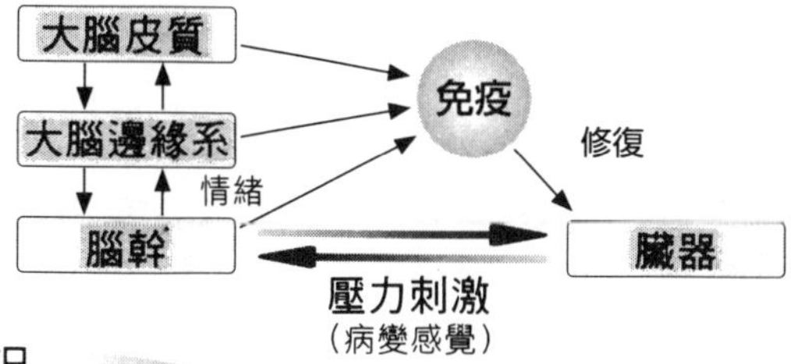

身心症的情況

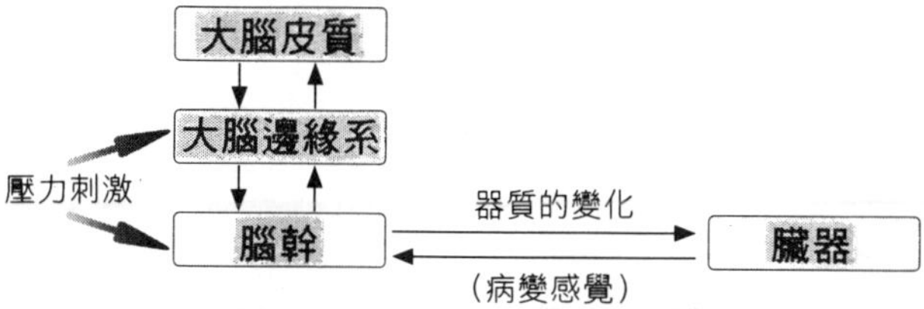

器質神經症的情況

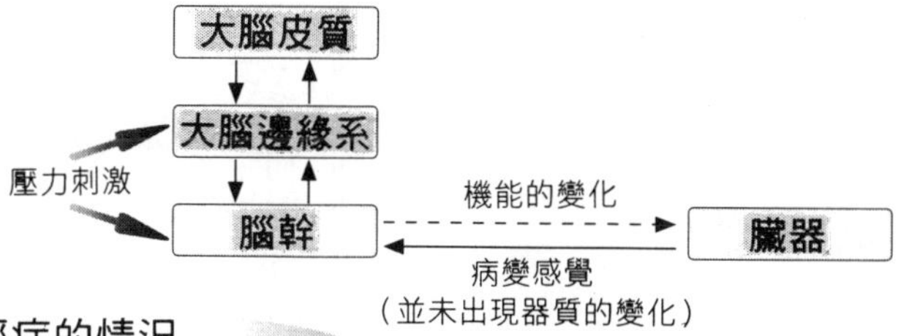

神經症的情況

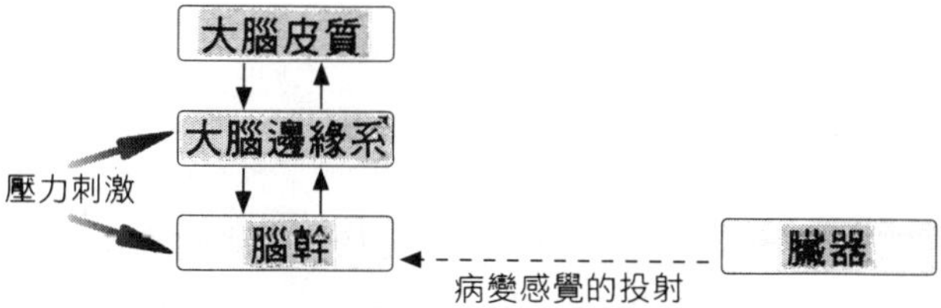

◆掌握身心症關鍵的「古皮質」

自律神經是連結腦與身體，將來自於腦的指令傳達給身體的神經。睡覺時心臟會持續跳動，或是吃了東西就能夠使胃腸蠕動、消化食物的作用，這是人在無意識當中進行的行為。然而一旦有壓力時，自律神經就無法發揮作用。

自律神經是以間腦為中樞受到控制。在間腦負責傳送各種「心」訊息的，則是稱為「內臟腦」或「情緒腦」的「古皮質」。

認識本能或心和感情的範圍並加以判斷的古皮質，與利用言論來架構邏輯或進行計算的新皮質相比，對於輸入的訊息能夠立刻產生反應，同時也容易受傷。但古皮質和新皮質不同，它不會自覺的發揮作用。人對於自覺的新皮質的作用非常敏感，但是對於無自覺的古皮質的主張卻容易忽略。即使再怎麼傷心，本人也不會自覺到非常的傷心，即使傷痕再大，也掌握不到這個事實，所以不會積極的療傷。

這時，自律神經系統混亂，因而對於內臟產生作用時，內臟就會發生疾病。呈現於腦時，腦的正常機能受損，就會罹患神經衰弱等心病，無法從悲傷的心情中脫離，會莫名其妙的感覺到不安，無法以平常心來待人處事。

發生這些事情的原因，就是來自於古皮質的憤怒荷爾蒙「降腎上腺素」，或感覺恐懼的荷爾蒙「腎上腺素」異常分泌所造成的。心病並不是真的由於心情而造成的，而是這些傳遞質的異常分泌而引起的。

自律神經系與身心症的關係

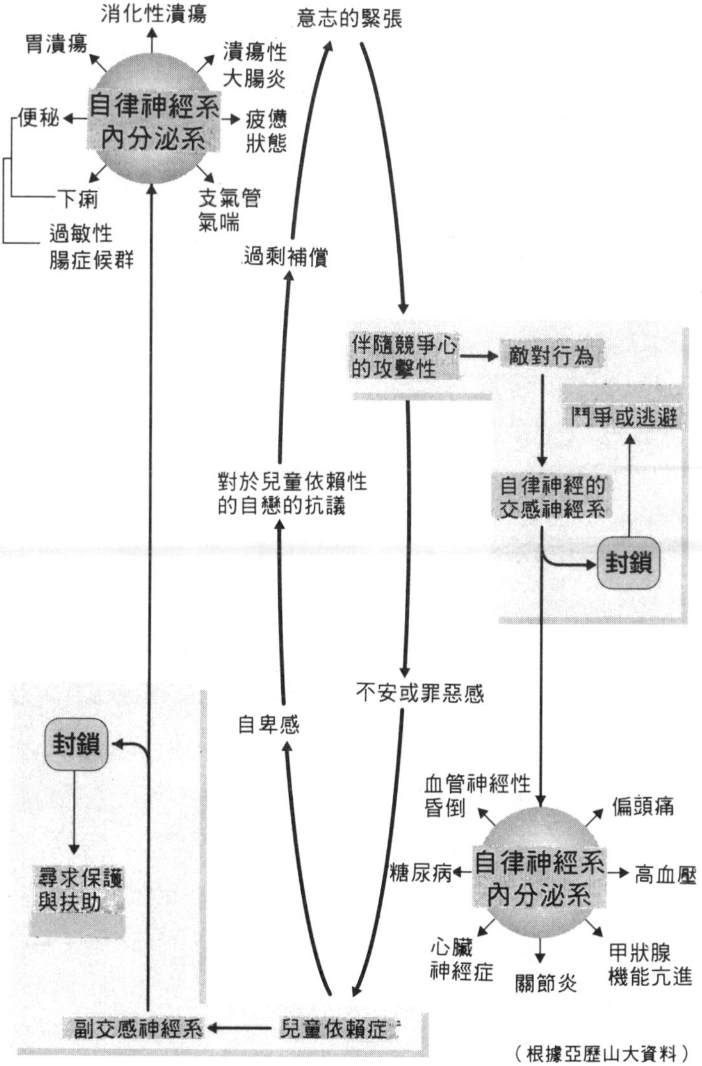

（根據亞歷山大資料）

為什麼壓力會造成潰瘍？

原因在於監視內臟的大腦邊緣系無法進行控制

◆無法控制內臟的理由

經常聽到的「壓力」，是指「相反的糾葛出現在腦的狀態」。因爲不當的事情而自尊受損時，或是因爲一些事情而不允許自己加以反駁的狀態持續下去時，腦中的古皮質所湧出的「憤怒」、「衝動」，會被大腦新皮質額葉的理性持續壓抑住。

對於來自於古皮質潛在的「怒氣」或「憤怒」無法解決時，就是一種「被壓抑的狀態」。壓抑是指即使本人未自覺到憤怒或衝動，但是一直持續著強烈衝動的狀態。隨時都有爆發的危險性，人格也變得不穩定。

持續這種狀態，當「怒氣」無法再壓抑時，附著於「丘腦下部」的新皮質就會出現失調的混亂現象。

其對於「間腦」發揮作用，對於自律神經系做出意想不到的指示，就好像精密的電腦軟體有問題，呈現混亂狀態，任意的做出指示一樣。

自律神經系負責調節體溫，增強或減弱內臟的功能，會判斷狀況來控制身體。但是，到了上述情況時，就變得無法控制。如果自律神經系全部壞死，人就會死亡。如果只有一處損壞，則會使臟器出現問題。

壓力所造成的內臟機能障礙的構造

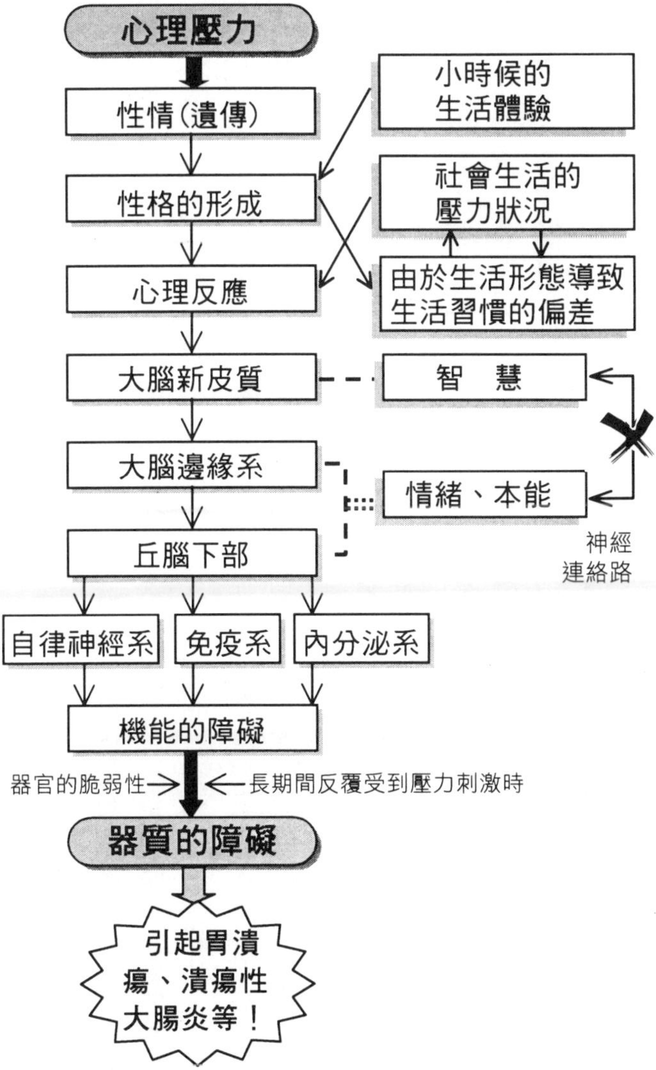

◆感受壓力時，腦中出現異常

從生理學的觀點來看壓力，由「下垂體前葉」分泌的「ＡＣＴＨ（促腎上腺皮質素）」，在感覺到壓力時分泌量會增加。ＡＣＴＨ的分泌，是藉著來自丘腦下部的「肽荷爾蒙」進行複合性的調節，而其中會成爲強烈刺激的，則是由四十一個氨基酸所組成的肽的ＡＣＴＨ釋出荷爾蒙。這是由位於丘腦下部的「室旁核」（ＰＶＮ・第三腦室兩側的神經核）的肽作動性神經細胞的細胞體合成的，隨著軸索流運到腦底，到達「中央隆起部」，再釋出到下垂體門脈的毛細血管內，在血液中流動，到達下垂體前葉的ＡＣＴＨ生產細胞，下達分泌或合成ＡＣＴＨ的命令。腎上腺系的荷爾蒙，包括「兒茶酚胺」、「精氨酸加壓素（ＡＶＰ）」、「催乳激素（ＰＲＬ）」以及「生長激素（ＧＨ）」等下垂體荷爾蒙，在承受壓力時，分泌量會增加。

憂鬱症患者腎上腺皮質分泌旺盛，腎上腺皮質素的「可提松」濃度增加時，由於在海馬和丘腦下部存在著濃密的可提松接收體，而掌管記憶的海馬受到可提松的影響時，會以比年齡增加所造成的老化更快的速度而使得神經細胞脫落。如果情況十分嚴重，就會引起記憶障礙或痴呆症狀。可提松對於免疫系具有抑制作用，但是血中濃度太高時就會使得免疫減退。

來自於腦幹，將軸索伸到整個腦的上行性腦幹網樣體活化系，也會異常分泌「單胺類」（多巴胺、降腎上腺素、腎上腺素等），對於自律神經系的興奮和情緒造成影響。

由下垂體所分泌的主要荷爾蒙

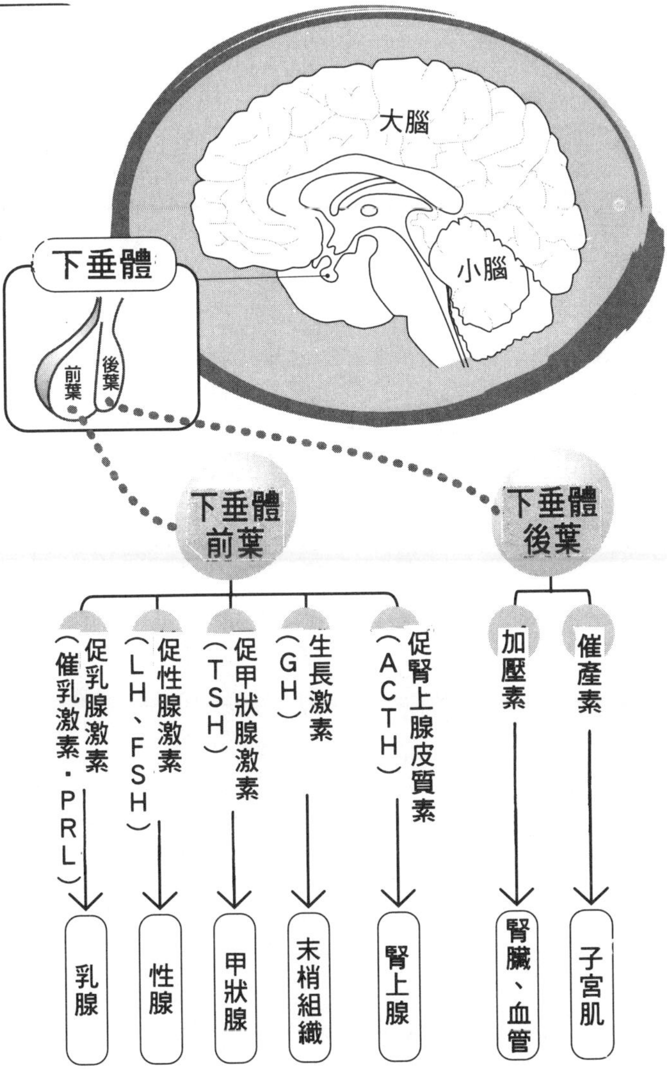

3 引起依賴症的原因

意志的強弱與依賴症無關！

◆依賴症是因為大腦邊緣系放棄意志決定而造成的

羅患酒精依賴症的人一旦喝酒，就無法強制自己停止下來，甚至會一直喝到意識昏迷爲止。這只是因爲無法抑制酒量，並不是意志薄弱的緣故。

在正常狀態下由額葉思考的理性，會和來自於丘腦下部的扁桃體等大腦邊緣系互相商量，做出「不能再喝了」的意志決定。但是，依賴症患者的腦的大腦邊緣系引起叛亂，放棄了這個決定，因此無法停止喝酒。

酒精依賴症的患者經常爛醉如泥，在酒上出現大大失態的現象，甚至被社會及家庭孤立。這時丘腦下部三大慾望的「團體慾」的共鳴與他愈來愈遠，大腦邊緣系的「心」受傷。

嚴重時，會在腦內生成「降腎上腺素」等「劇毒物質」，過剩的發揮作用，損害腦的機能，造成惡性循環。

酒的酒精成分不會損傷腦，但是由於受到自己的腦所製造出來的荷爾蒙的影響，使得腦受損，最後人格遭到破壞，直到完全毀滅爲止。

依賴藥物、依賴購物，或依賴性行爲、攝食障礙（過食症、厭食症）等依賴症，

「酒精依賴症」形成的過程

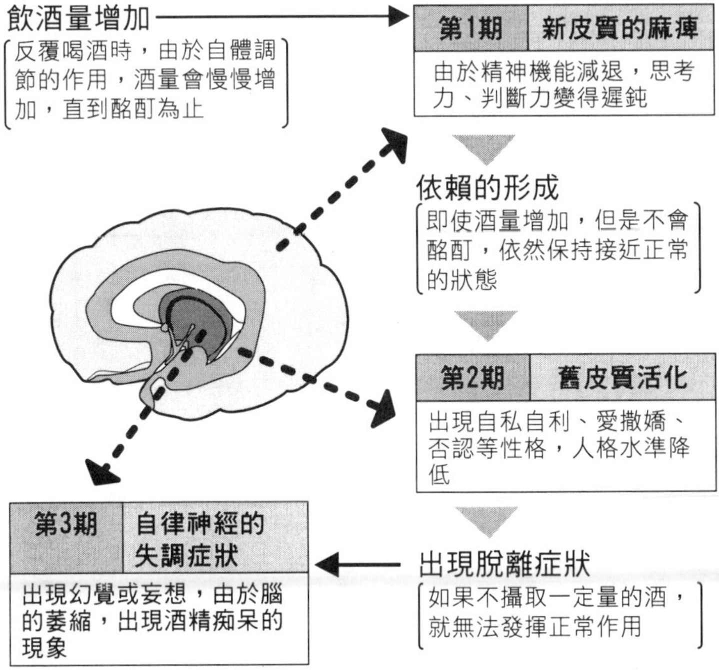
飲酒量增加
反覆喝酒時，由於自體調節的作用，酒量會慢慢增加，直到酩酊為止
第1期
新皮質的麻痺
由於精神機能減退，思考力、判斷力變得遲鈍
依賴的形成
即使酒量增加，但是不會酩酊，依然保持接近正常的狀態
第2期
舊皮質活化
出現自私自利、愛撒嬌、否認等性格，人格水準降低
出現脫離症狀
如果不攝取一定量的酒，就無法發揮正常作用
第3期
自律神經的失調症狀
出現幻覺或妄想，由於腦的萎縮，出現酒精痴呆的現象

無法停止這些依賴的理由，就在於腦遭到破壞的構造基本上和酒精依賴症是相同的。

最初的原因是心理的糾葛。產生一種「即使這樣活下去，也沒有人會認同自己」的強烈不安感、不滿感，於是走上依賴症之路。

在症狀開始出現的最初階段，如果能夠發現治療自己的方法，就不會罹患精神疾病，對於腦的機能不會造成任何影響，能夠回到正常生活。

而一旦成爲依賴症之後，人格遭到破壞，想要復原就很困難了。

為什麼人會罹患精神病？

大腦邊緣系的機能障礙引起各種精神疾病

◆精神疾病的種類與症狀

精神疾病大致分爲三種。包括分裂症或躁鬱症等「內因性精神病」、自律神經失調症狀會出現的「神經症（不安性障礙）」，以及包括酒在內的藥物中毒所引起的「中毒性精神病」。

「內因性精神病」是損害大腦皮質原有的機能，使得大腦皮質異常發揮作用而造成的。代表性的就是躁鬱症，會出現極端的「抑鬱」或「暴躁」等症狀，有時兩者交互出現。比別人更愛熱鬧，但是，接下來可能會情緒低落，甚至想要自殺。可是由於情緒太過於低落，甚至沒有自殺的力氣。

「神經症」會對自律神經產生作用，可能會突然手發冷、發汗，出現心悸現象，或是病態的感覺不安。「中毒性精神病」則是因爲藥物的影響，腦內分泌產生毒性荷爾蒙，喪失調整機能，結果異常分泌劇毒荷爾蒙，損害腦的機能，引起了精神病。

雖然症狀多少有所不同，但是，只要在意識下的心理糾葛無法痊癒，就會成爲大腦邊緣系失調的原因。此時，「快感荷爾蒙」多巴胺、「憤怒荷爾蒙」降腎上腺素，以及「恐懼荷爾蒙」腎上腺素等，當然一樣會反覆異常分泌。

躁鬱症患者腦的情況

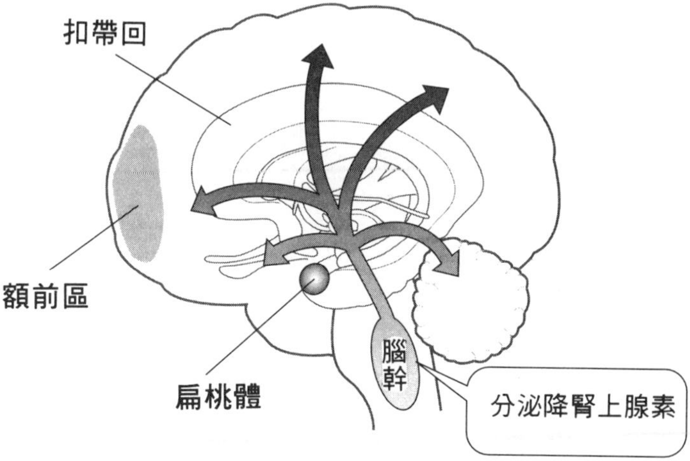

扣帶回
額前區
扁桃體
腦幹
分泌降腎上腺素

在憂鬱狀態下，額前區、扁桃體以及枕葉的一部分，旺盛的展現活動。

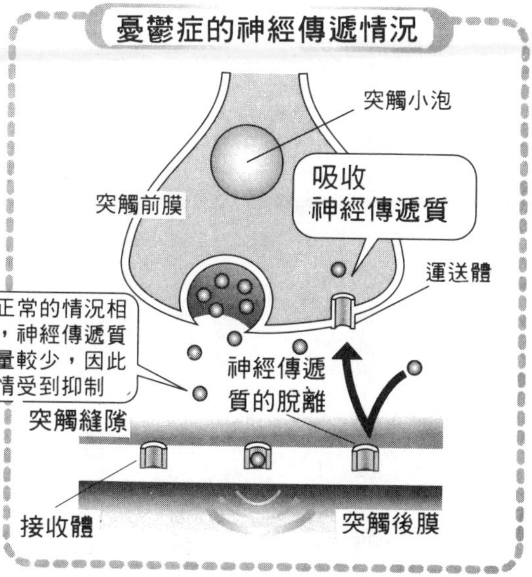

憂鬱症的神經傳遞情況
突觸小泡
吸收
神經傳遞質
突觸前膜
運送體
與正常的情況相比，神經傳遞質的量較少，因此感情受到抑制
神經傳遞質的脫離
突觸縫隙
接收體
突觸後膜

◆精神疾病是因為大腦邊緣系的混亂而造成的機能障礙

精神病的開端，是心靈在不知不覺中受傷，心在無意識當中產生糾葛而造成的。

古皮質所形成的大腦邊緣系，是人的心靈的本體，是容易受傷的古腦。原本在意識下，因此能感覺到喜怒哀樂，判斷好惡，感覺食慾或性慾，自然會要求對自己而言非常舒適的環境。但若違反自己的心情，一直被強迫要做一些不當的事情，自己卻不斷的忍耐、壓抑，就會使得心靈受傷。

這時，和家人及親密朋友之間，以安全的心靈契合而生活的根本的「團體慾」無法獲得滿足。這種情況持續下去，大腦邊緣系的古皮質就會變調。

現代社會必須一邊顧慮他人一邊與他人競爭，所以很容易就脫離了人原本想要擁有的「引起共鳴」的團體慾。尤其如果和父母、家人的想法或價值觀不同時，就會在精神上被孤立。

大腦邊緣系所擁有的慾望和大腦新皮質的理性之間產生了糾葛，在意識上是新皮質的理性獲勝，但是，大腦邊緣系的糾葛會一直被理性扼殺，最後大腦邊緣系就發生混亂，引起腦的機能障礙，呈現所謂精神疾病的症狀。

精神病的症狀，包括有幻聽、幻覺，人格平衡失調，突然出現痴呆症狀等。精神疾病症狀的不同，是因爲根本上大腦邊緣系的混亂方向不同的緣故。

精神障礙的各種程度診斷

<table>
<tr><th>程度</th><th>階段</th><th>內容</th><th>精神醫學的診斷</th><th>治療</th></tr>
<tr><td rowspan="3">正常程度</td><td>正常</td><td>（沒什麼特別）</td><td>正常</td><td>—</td></tr>
<tr><td rowspan="2">情緒的反應</td><td rowspan="2">現實的壓力反應
（輕微的不安、情緒反應。擔心狀態、暫時的身心症反應）</td><td>正常</td><td>支持的心理醫師</td></tr>
<tr><td>不安神經症、身心症反應</td><td>輕微藥物療法</td></tr>
<tr><td rowspan="6">神經症的程度</td><td rowspan="2">神經症的</td><td rowspan="2">自我稍微薄弱（神經症的性格）
（不安、情緒反應、行動障礙、輕微的身心症）</td><td>神經症、身心症</td><td>支持的治療
簡易分析</td></tr>
<tr><td>行動異常</td><td>調整環境
藥物療法</td></tr>
<tr><td rowspan="2">神經症</td><td>自我薄弱（神經症的性格）</td><td></td><td>各種心理療法</td></tr>
<tr><td>固有的病像固定下來
（神經症、身心症、行動障礙、習慣癖等）</td><td></td><td>簡易分析
藥物療法</td></tr>
<tr><td>伴隨人格障礙的神經症</td><td>自我的薄弱（人格障礙）
（根深蒂固的神經症、身心症、行動障礙）</td><td>神經症、身心症、行動異常</td><td>精神分析
簡易分析</td></tr>
<tr><td>精神病的反應</td><td>自我的薄弱（輕微的心因反應）</td><td>心因反應</td><td>藥物療法
心理療法</td></tr>
<tr><td rowspan="2">精神症的程度</td><td>邊界例</td><td>自戀狂的自我障礙</td><td>邊界例、身心症</td><td>藥物療法
心理療法</td></tr>
<tr><td>精神病</td><td>重度的自戀狂的自我障礙
（自我歪曲）</td><td>躁鬱症、分裂症</td><td>藥物療法
心理療法</td></tr>
</table>

5 為什麼會引起分裂症？

受到壓抑的慾望在「腦」中產生新人格

青年期發病的「分裂症」，一言以蔽之，就是精神上失去調和，人格相當慌亂的狀態。出現幻覺或妄想，而且具有內向性。有時會出現激烈的暴力行為。而這時在分裂症患者的腦中到底發生了什麼現象呢？

◆分裂症患者的腦中出現機能性變化

調查慢性分裂症患者大腦皮質的活動狀態，發現額葉的活動比正常時降低很多。在正常腦的大腦皮質中，額葉的活動最活絡，顳部及頂部、枕部的活動較少。分裂症患者的腦，則都是以相同的程度展現活動。正常人做心理測驗時，額葉的血流量會增加，而分裂症患者即使在做測驗時也不會增加。也就是說，負責意志、計畫、推理、創造、感情等的額葉並沒有發揮作用。

此外，比較大腦皮質和皮質下核的血流量，通常支持精神活動的大腦皮質血流量會比較多，但是，分裂症患者大腦皮質負責輸出調整的皮質下核的血流反而增加。也就是無法整理意志與感情，對於含混不清的結果超出必要的輸出太多。這類腦的機能障礙，起因於大腦邊緣系所分泌的荷爾蒙（神經傳遞質）的平衡失調。

分裂症患者的腦的情況

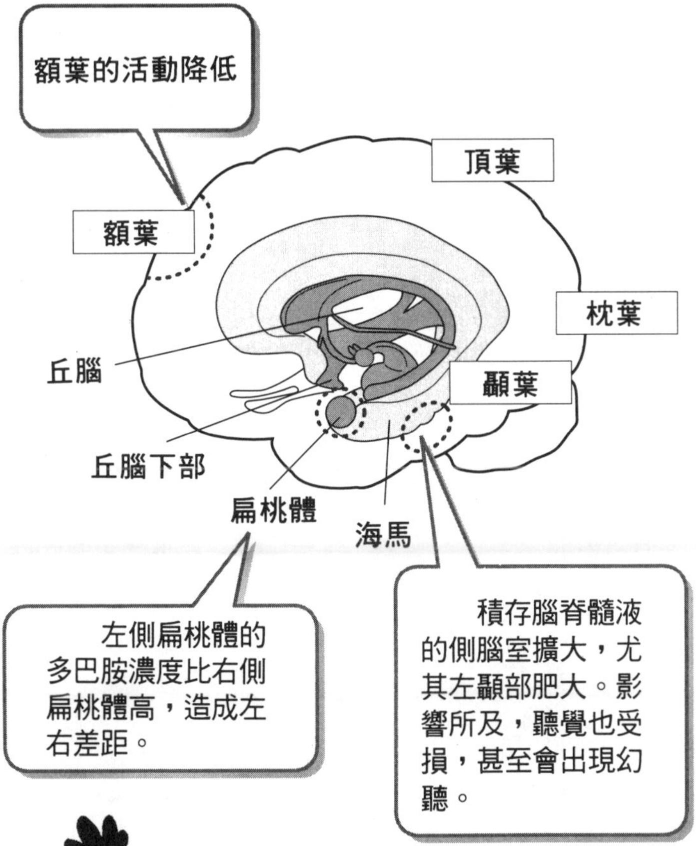
額葉的活動降低
頂葉
額葉
枕葉
丘腦
顳葉
丘腦下部
扁桃體
海馬
左側扁桃體的多巴胺濃度比右側扁桃體高，造成左右差距。
積存腦脊髓液的側腦室擴大，尤其左顳部肥大。影響所及，聽覺也受損，甚至會出現幻聽。

有些學者認為這是分裂症的機能的原因

◆分裂症患者的感情過度激烈，形成「理性」無法發揮作用的構造

快感荷爾蒙「多巴胺」的作用，與分裂症的症狀有密切的關係。

神經細胞的信號傳送進來的時候，由形成網路狀的樹突和軸索前端，透過突觸來接受傳遞質。這時，接受信號的神經細胞會將傳遞質吸收到「接收體」當中，以認識信號。傳遞質有很多種，接收體也因爲各自接收的神經傳遞質或神經細胞的不同，種類也有所不同。

快感荷爾蒙「多巴胺」，共有六種多巴胺接收體。分裂症患者有幾種接收體無法好好的發揮機能。

分泌多巴胺時，由大腦邊緣系和額聯合區的各個接收體接受這些信號。而分裂症患者，其大腦邊緣系的接收體因爲某種理由而過剩發揮作用，接收超出必要以上的多巴胺。而具有理性作用的額聯合區，則相反的無法讓接收體好好的發揮機能，因此無法接收多巴胺。

大腦邊緣系是控制喜怒哀樂的感情中樞。因爲接收體故障而送入過剩的信號，於是患者就會產生「有人要殺我」的妄想，甚至會出現脫離常軌的恐懼感。

額聯合區無法順暢接收多巴胺的信號，神經細胞無法清醒，甚至連簡單的數字都無法在短時間內記住，機能顯著減退，甚至原有的理性也會受損。

「多巴胺」的作用與分裂症的關係

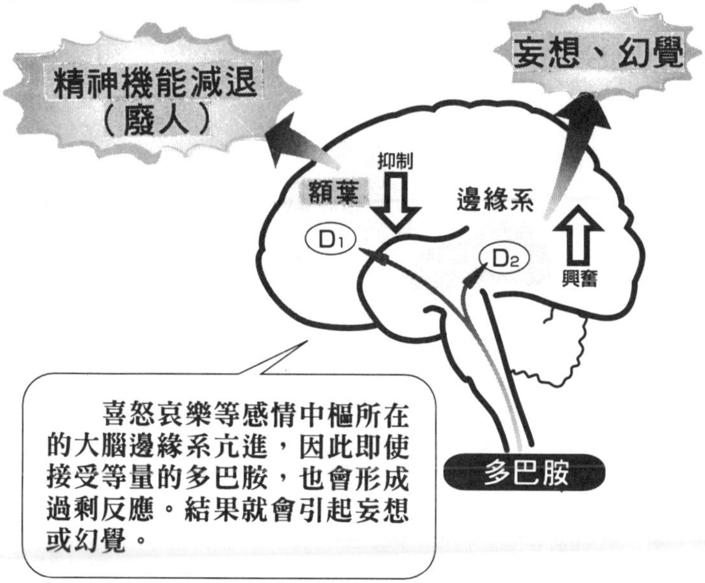

治療藥

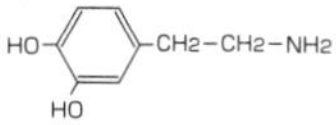

多巴胺

因為構造類似，所以會誤以為是多巴胺，如此一來就能夠控制妄想、幻覺等。但是對於額葉機能減退的症狀則無效，同時會出現帕金森症候群等副作用

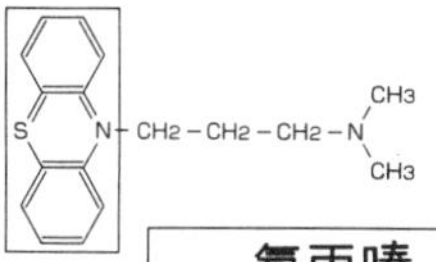

氯丙嗪

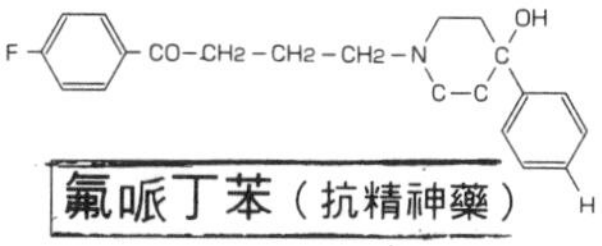

氟哌丁苯（抗精神藥）

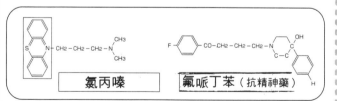

6 引起過食症、厭食症的原因

為了滿足「心靈傷害」而引起的一種「依賴症」

◆控制攝食中樞的扁桃體混亂的理由

過食症的人，再怎麼吃也無法產生滿腹感，有時候甚至把冰箱裡的東西全都吃光了，然後又因爲後悔和自責而把手指伸入喉嚨，讓食物吐出來。厭食症則相反，是什麼東西也吃不下的症狀，嚴重時甚至會因爲營養失調而死亡。幾乎所有的人都會遭遇到過食症和厭食症的時期，這稱爲「攝食障礙」。

攝食障礙也是一種依賴症，大多和幼兒期的家庭關係、親子關係所造成的「心靈傷害」有關。傷痕沒有痊癒，但是，自己並沒有意識到這一點，於是大腦邊緣系的糾葛在青春期開始產生混亂，阻止攝食中樞正常的分泌荷爾蒙。控制食慾的攝食中樞，包括在丘腦下部「外側區」的空腹中樞，以及在「腹內側核」的滿腹中樞。空腹時會產生想吃東西的慾望，滿腹時則會加以遏止，產生「不可以再吃了」的念頭。丘腦下部和扁桃體商量，對於空腹中樞和滿腹中樞做出刺激荷爾蒙的最後決定。

但是，難耐心靈傷害的糾葛使得扁桃體混亂，因此，扁桃體無法做出決定，也就無法控制食慾。原因是「心靈傷害」，而不是丘腦下部或扁桃體的毛病，因此無法投藥治療。

「空腹中樞」與「滿腹中樞」的作用

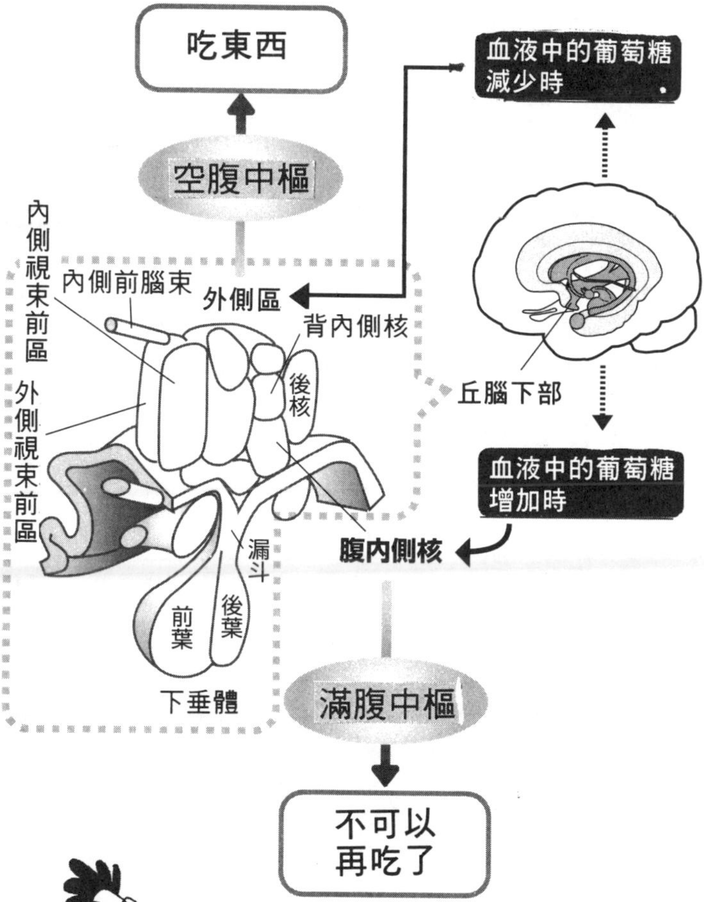

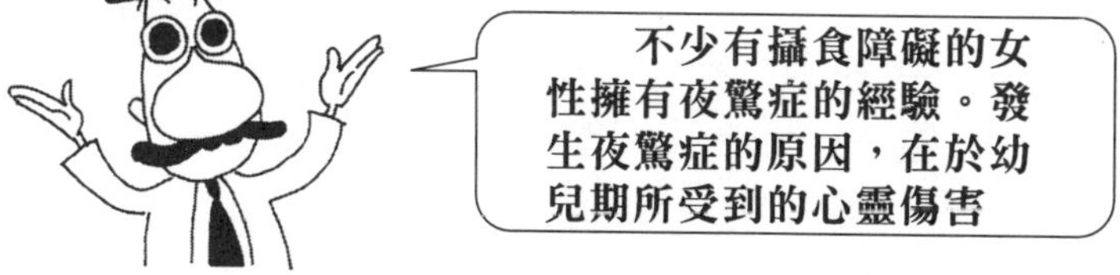

爲什麼已經沒有的手腳會疼痛？

幻肢痛的神奇與感覺疼痛的構造

◆「網樣體」與「丘腦非特殊核」判斷刺激的重要性

因爲交通意外事故而切斷腳，已經沒有的腳竟然還讓人感覺到疼痛，就好像腳還在身上似的，這稱爲「幻肢痛（Phantom Pain）」。

事實上，原本一直延伸到腳趾的神經纖維在中途就已經被切斷的訊息，並沒有送達到腦。雖然沒有腳，但是，在頂葉的皮膚感覺區還殘留著，在等待來自於腳的痛、溫、冷、壓覺等訊息傳來。而被切斷的神經纖維端因爲受到壓迫而傳達錯誤的訊息，感覺區不疑有他，因此產生了「幻肢痛」。

但是，「幻肢痛」並不是難以忍受的疼痛，讓感覺傳達到腦的構造是雙重構造，所以能夠完全了解是劇痛的緊急狀態或非劇痛的狀態。

皮膚感覺器接受疼痛的刺激，信號經由神經纖維先到達脊髓，然後再通過脊髓傳到升神經纖維。從脊髓傳達到腦的信號到了「中腦」一分爲二，一個進入中腦的「網樣體」，另一個則進入「丘腦特殊核」。

在「丘腦特殊核」接受的疼痛信號，會往上到達在頂葉中央溝附近的皮膚感覺區而感覺「疼痛」。運送到「網樣體」的疼痛信號，判斷是不是緊急的疼痛事態，然後

「幻肢痛」的構造

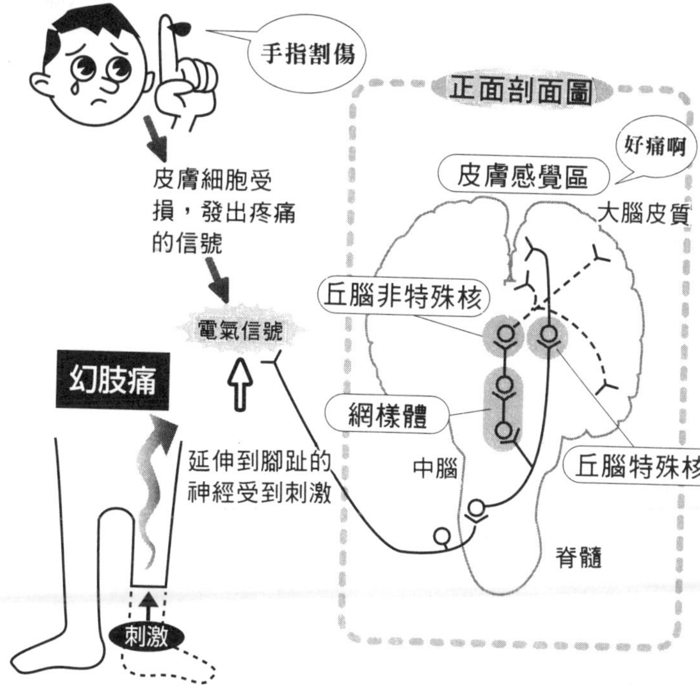

再判斷要不要將信號送到「丘腦非特殊核（髓板內核）」。

如果是緊急的劇痛情形，則為了讓整個腦了解到緊張狀態，因此會發出信號。如果不是緊急事態，則信號到此就停止了。

因此，雖然感覺好像是已經失去的腳傳來了疼痛信號，但並不是難以忍受的劇痛。

失去的腳所出現的幻肢痛，經過一段時間就會消失。因為知道來自於腳的刺激是錯誤的信號，漸漸的就會對於錯誤的信號變得鈍感了。

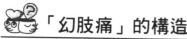

8 為什麼人會做夢？

做夢的構造與心理狀態的聯繫

◆右腦做夢，左腦把夢變成話語

只有人類和在樹上睡覺的鳥類，因為不會受到其他動物的襲擊，因此得以深眠。但是，只有在睡眠較淺的REM睡眠期才會做夢。

調查在人做夢時整個腦的周波數的差異，發現右腦顳部集中性的活動，而愈往周邊，活動力就愈弱。

這時左腦則不如右腦那樣旺盛的活動。當弱的電流流到右腦表面時，會出現好像做夢一樣的幻像，而做夢時右腦的顳葉會出現好像看到幻覺時的懷念感，想起一些神奇的感情以及老舊的記憶。左腦則不管刺激任何部位，都不會看到幻覺。

由這個實驗可知，夢是右腦活動的產物。右腦具有處理視覺資訊的機能，因此會做夢。但是，將連結左腦與右腦的胼胝體切斷之後，就不能夠做夢了。因為右腦所做的夢要透過胼胝體送到左腦，而由左腦的語言機能將其替換為語言記下來。如果不能夠將之變成語言記下來，就不會自覺到自己做了夢。

腦會一邊做夢一邊整理記憶嗎？

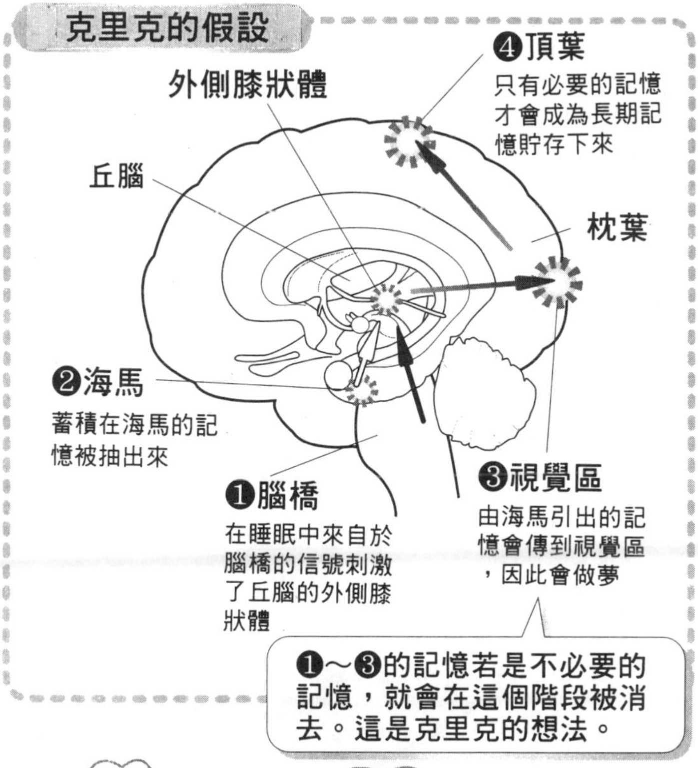
克里克的假設
外側膝狀體
❹頂葉
只有必要的記憶才會成為長期記憶貯存下來
丘腦
枕葉
❷海馬
蓄積在海馬的記憶被抽出來
❶腦橋
在睡眠中來自於腦橋的信號刺激了丘腦的外側膝狀體
❸視覺區
由海馬引出的記憶會傳到視覺區，因此會做夢
❶～❸的記憶若是不必要的記憶，就會在這個階段被消去。這是克里克的想法。

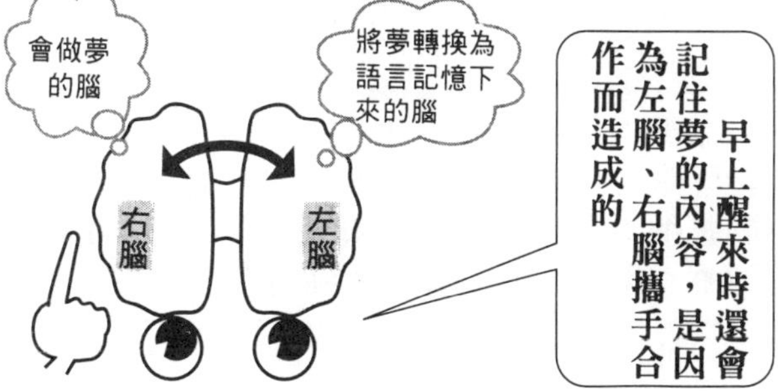
會做夢的腦
將夢轉換為語言記憶下來的腦
右腦
左腦
早上醒來時還會記住夢的內容，是因為左腦、右腦攜手合作而造成的

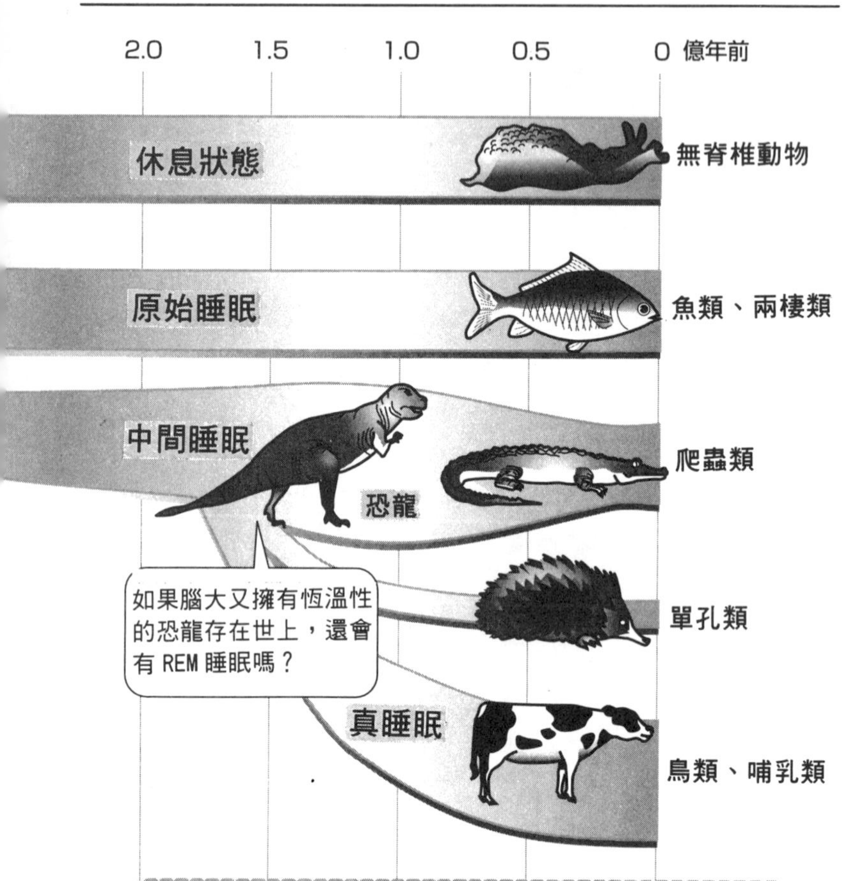

休息狀態：只有清醒與休息的週期
原始睡眠：沒有REM睡眠或徐波睡眠
中間睡眠：具有類似REM睡眠或徐波睡眠的睡眠
真睡眠：擁有REM睡眠與徐波睡眠

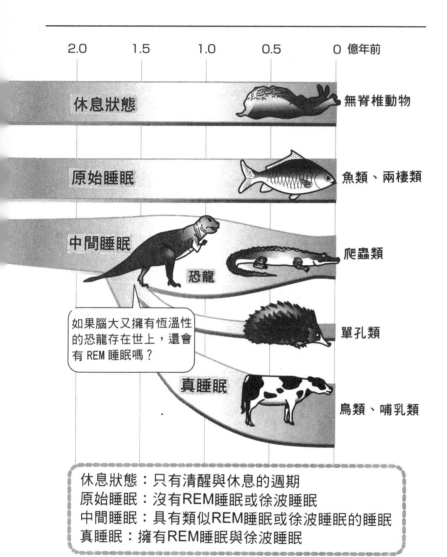

由睡眠來看進化的歷史

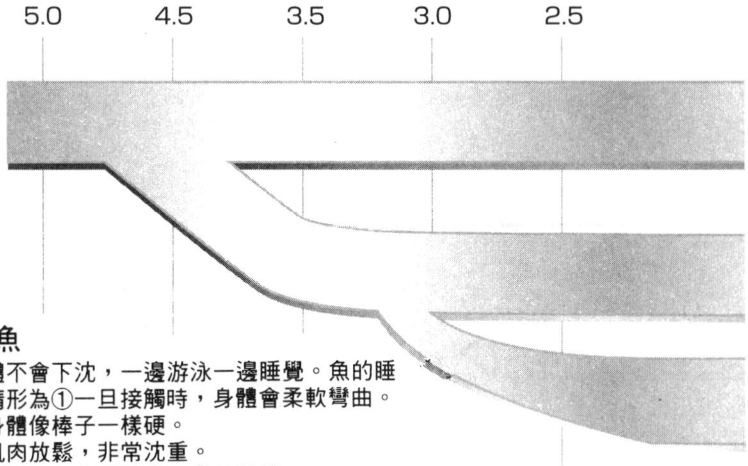

◎鮪魚

身體不會下沈，一邊游泳一邊睡覺。魚的睡眠情形為①一旦接觸時，身體會柔軟彎曲。
②身體像棒子一樣硬。
③肌肉放鬆，非常沈重。
會以短暫週期反覆①～③的狀態。

◎海鷗

於空中滑行時，在飛的同時也讓左、右腦睡眠。
雛鳥的 REM 睡眠較多，變為成鳥之後，睡眠時間縮減到只剩下 5%。

◎牛（草食動物）

在警戒外敵的同時，也需要大量的植物，因此所有草食動物的睡眠時間都很短。
為了彌補睡眠的不足，牛 1 天有 3 分之 1 的時間是用來咀嚼食物，同時也打盹。REM 睡眠 1 天總計只有 30 分鐘。

◎獅子（肉食動物）

不需要警戒外敵，因此 1 天睡 10 小時。REM 睡眠較多。
但是空腹時睡眠減少。

◎猴子

因為擁有接近人的腦，因此睡眠和人的形態相同。尤其像黑猩猩等類人猿，會有 3～4 階段的深沈徐脈（徐波睡眠）。但是睡眠週期與人相比則比較短。

◆做夢的構造

人做夢是在ＲＥＭ睡眠狀態時。ＲＥＭ睡眠是由「腦橋被蓋」的「青斑核」的降腎上腺素作動性神經細胞，以及「腦橋背側部」或「髓腹內側部」的膽鹼作動性神經細胞所引起的。

白天清醒的時候，降腎上腺素作動性神經細胞發揮作用，控制了膽鹼作動性神經細胞。到了晚上睡覺時，降腎上腺素作動性神經細胞停止活動，就輪到膽鹼作動性神經細胞開始活動。於是就開始了ＲＥＭ睡眠而做夢。

膽鹼作動性神經細胞，各自有神經纖維從「腦幹、腦橋背側部」伸向丘腦的「外側膝狀體（視覺系的轉運核）」、丘腦的「髓板內核」、「丘腦枕」（兩者都是將神經纖維轉達到整個大腦的轉運核）。處於ＲＥＭ睡眠時，從這兒到枕葉會有稱為「ＰＧＯ波」的電氣信號出現。

將ＰＧＯ波送到脊髓的運動神經細胞發揮抑制運動的作用，放鬆身體的緊張，同時對於丘腦和大腦皮質的感覺性神經細胞發揮作用，給予強烈的興奮作用。即使閉上眼睛也會做夢，就是因爲這個興奮作用的緣故。

睡眠時的神經刺激與抑制的作用

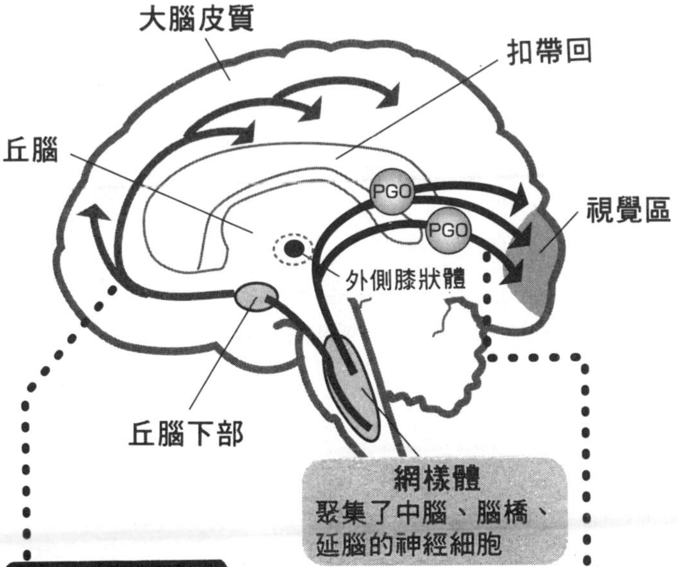

徐波睡眠的途徑

來自於丘腦下部的抑制信號傳送到大腦皮質

REM 睡眠的途徑

由網樣體發出膽鹼作動性神經細胞的信號。

當信號傳送到丘腦外側的膝狀體時，會從此處將PGO波發向枕葉。

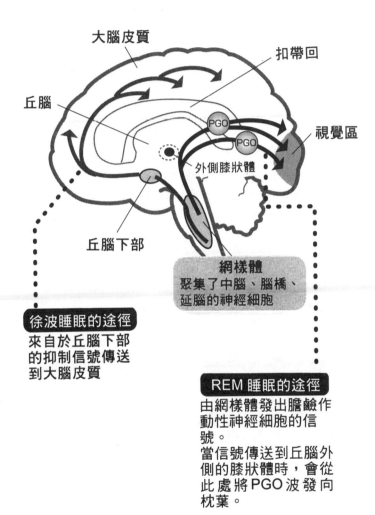

9 智能遭到破壞時，腦會生病嗎？

腦消失的阿茲海默型痴呆的發生原因

◆神經細胞壞死、引起記憶障礙的阿茲海默型痴呆

日本的痴呆患者數，西元二〇〇〇年爲一百六十萬人，推測二〇二〇年達到三百萬人。三分之一是因爲早老型痴呆，另外三分之一是輕微的腦中風所引起的阿茲海默症，還有三分之一則是外傷、腫瘤所引起的。

大腦皮質出現大範圍的障礙時，就會出現痴呆症。阿茲海默型痴呆，是很多神經細胞死亡脫落，造成皮質構造的毀壞。死亡細胞在顳葉、頂葉、枕葉的交界部分出現得尤其爲多，而大腦邊緣系也會受到極大的損傷。一旦得了痴呆症，連三十分鐘前吃過東西的事情也會忘記，甚至會將過去和現在混淆在一起，記憶力很差。而且表現得就好像是不聽話的孩子一樣，喜怒哀樂等的感覺也會逐漸淡薄。

但此時大腦的神經細胞並不是全都壞死了，像運動區、感覺區、視覺區等部位死亡的細胞比較少，因此，不會出現身體障礙。

阿茲海默型痴呆的腦的特徵就是，神經細胞會出現老人斑這種斑點，據說是由「β1類澱粉」這種化學物質沈著而引起的。該處變性的神經細胞會聚集起來壓迫神經細胞，樹突也變性萎縮，而透過突觸和相鄰細胞之間的聯繫也會減少。

了解痴呆程度的智能評價尺度

長谷川式簡易智能評價尺度

①幾歲了？	誤差在 2 年以內算是正確解答，得 1 分
②今天是幾年幾月幾日星期幾？	各 1 分
③現在在哪裡？	正確解答得 2 分，需要暗示者得 1 分
④複誦我接下來說的話，待會兒還要再問你，所以你一定要記住喲！「櫻花、貓、電車」(或是「梅子、狗、汽車」)。	能夠複誦即得 1 分
⑤從 100 開始依序減掉 7，說出正確的數字。	說出正確解答 93 得 1 分，連 86 也說對了則得 2 分
⑥將接下來所說的數字倒回來唸一次「6－8－2」、「3－5－2－9」。	各 1 分
⑦將先前所記住的字再說一次。	各 2 分。植物、動物、交通工具，以及給予暗示的正確解答，則得 1 分
⑧先看 5 個東西，然後藏起來，說說看到底看了哪些東西。	各 1 分
⑨盡量多說一些你所知道的蔬菜名稱。	5 個之內為 0 分，6 個 1 分，7 個 2 分，8 個 3 分，9 個 4 分，10 個 5 分

判定

21～30 分：無異常

16～20 分：疑似痴呆

11～15 分：中度痴呆

5～10 分：稍微高度的痴呆

0～4 分：高度痴呆

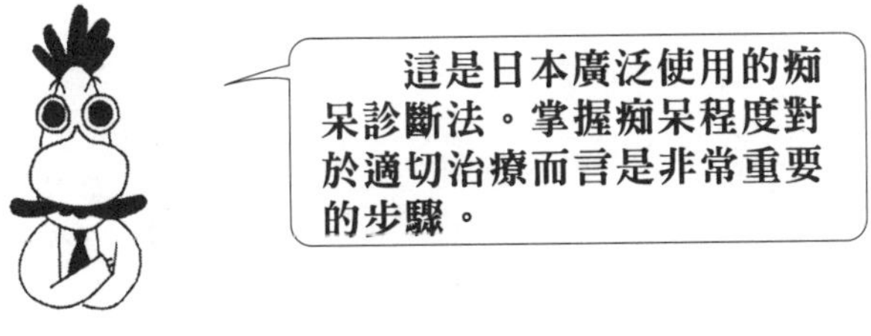
這是日本廣泛使用的痴呆診斷法。掌握痴呆程度對於適切治療而言是非常重要的步驟。

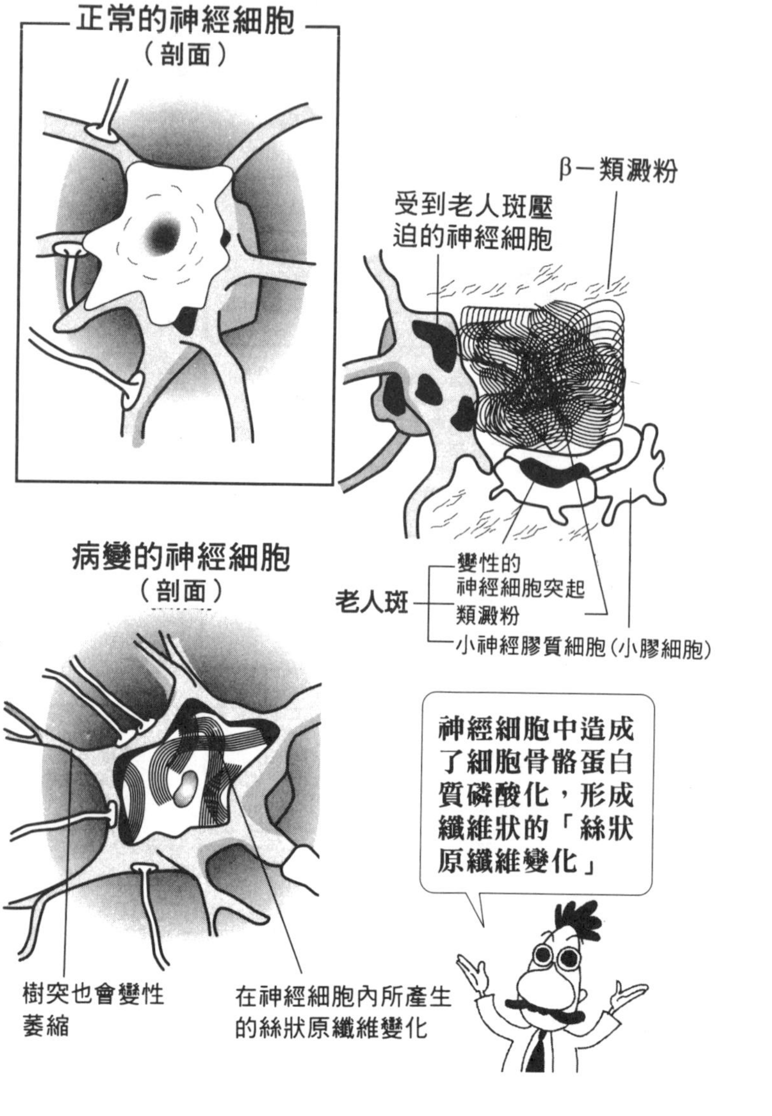
正常的神經細胞
（剖面）
β－類澱粉
受到老人斑壓
迫的神經細胞
病變的神經細胞
（剖面）
老人斑
變性的
神經細胞突起
類澱粉
小神經膠質細胞（小膠細胞）
神經細胞中造成
了細胞骨骼蛋白
質磷酸化，形成
纖維狀的「絲狀
原纖維變化」
樹突也會變性
萎縮
在神經細胞內所產生
的絲狀原纖維變化

阿茲海默症的進行與腦組織的變化

基因的異常：第 14、21 條染色體

▼

β－類澱粉的腦內沈著

▼

老人斑的形成

▼

細胞骨骼蛋白質的過剩磷酸化

▼

神經原纖維變化的形成

▼

皮質神經原的死亡

▼

痴呆

期　　間	症　　狀
第 1 期 （1～3 年）	◎健忘（時間、場所、人的長相都不記得） ◎無氣力 ◎憂鬱症狀
第 2 期 （2～10 年）	◎記憶顯著障礙、無法了解語言、無法與人交談 ◎無法做動作、不知道複雜動作的做法 ◎不知道自己在哪裡 ◎認不出人 ◎不關心、無氣力、毫無理由的高興 ◎不平靜、徘徊 ◎痙攣
第 3 期 （8～12 年）	◎無言、不動 ◎臥病在床、四肢僵硬

◆阿茲海默症的各種原因說法

阿茲海默症的原因眾說紛紜，目前還沒有正確的了解。

首先，有人認爲阿茲海默症患者腦中的毛細血管異常蛇行，這是原因所在。由於血管蛇行嚴重，血液無法順暢循環，無法將足夠的氧和營養補給到神經細胞，因而導致腦細胞壞死。但是，爲什麼血管會蛇行就不得而知了。

之所以會出現痴呆症狀，有些研究者認爲是因爲神經細胞減少，使得神經纖維所製造的乙醯膽鹼隨之減少而造成的。如果給予正常大人停止乙醯膽鹼作用的藥物，則記憶力會減退。但是，爲什麼神經細胞這麼早就會死亡，卻未談及。

此外也有遺傳說的說法。有的阿茲海默症患者在四十歲左右就發症，稱爲「青年性阿茲海默症」。但是，也有一種可能是因爲得了阿茲海默症，因此基因出現異常。

事實上，雖然二十一條染色體無異常，但是，卻有很多罹患阿茲海默型痴呆的患者。在很久以前，認爲可能是遺傳的影響，但卻無法說明爲什麼阿茲海默型痴呆有急增的趨勢。

另外還有一說，認爲是攝取了鋁所造成的。像便當盒、鍋子、鋁罐等，長年來使用鋁，使得鋁被吸收到人體內，積存在人體內，成爲阿茲海默症的原因。

荷蘭非常重視自來水中的鋁和阿茲海默症的關係，因此，去除了淨水時所使用的鋁凝集劑而更換爲鐵。

產生痴呆的各種原因疾病

●腦血管障礙	腦血管性痴呆、多發梗塞性痴呆、腦溢血
●腦變性疾病	阿茲海默症、阿茲海默型老年痴呆、皮克病（腦葉萎縮症）、慢性進行性遺傳舞蹈症、進行性核上痲痺、帕金森氏症、脊髓小腦變性症
●腦腫瘤	
●正常壓水腦症	
●頭部外傷、慢性硬膜下血瘤	
●無氧症	一氧化碳中毒、氰酸中毒、心臟功能不全
●維他命缺乏症	缺乏維他命 B_{12}、糙皮病、缺乏維他命 B_1（韋尼克症）
●代謝障礙	肝功能不全、尿毒症、威爾遜病（進行性豆狀核變性）
●內分泌障礙	甲狀腺機能減退、甲狀旁腺機能異常、庫興病（腎上腺皮質功能亢進）
●酒、鉛、汞、錳等的中毒症	
●透析腦壓	
●脫髓疾病	多發性硬化症
●癲癇	
●感染、發炎症狀	中樞神經梅毒、各種髓膜炎、各種腦炎、CJD 病、貝切特病、愛滋病

廣告宣傳所造成的心靈控制效果以及

藥物治療的作用

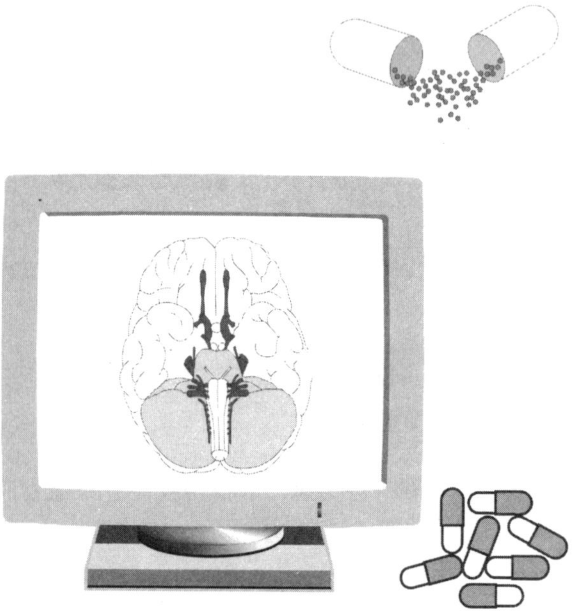

腦

PART 6

可以控制嗎？

1 為什麼會產生錯覺？

人對於「看到的東西」無法原原本本的了解

◆由視神經的特性所引起的錯覺構造

在外國教會裡，經常聽到信徒面前的聖母瑪莉亞像在動的話題。瑪莉亞像的手會動，或者是轉頭看看周圍。

在半信半疑的心態下前往確認的人，結果真的看到聖母瑪莉亞在那裡揮手，原來是真的。既然自己也看到它在動，則應該可以相信。

實際上，不管是再怎麼虔誠的教徒去看聖母瑪莉亞像，瑪莉亞像應該都不會動。是錯覺造成了看起來好像會動的情景。

原本靜止不動的東西看起來卻好像會動，這種情形不管是誰都會體驗到。例如點燃香菸，把菸放在菸灰缸上，再把房間的燈關上，一直凝神細看已經點燃的香菸。不可思議的是，在黑暗中香菸上的火光開始移動，這就是「自動運動現象」。

移動眼球的肌肉因爲疲勞而無法一直看同一個地方時，最後視線就會從對象物上脫離。可是爲了繼續看對象，眼球又慌慌張張的恢復原狀。這時對象靜止，而眼球卻移動，腦弄錯了追逐移動物體的眼球的運動，結果就認爲靜止的東西竟然在動。

視覺的構造

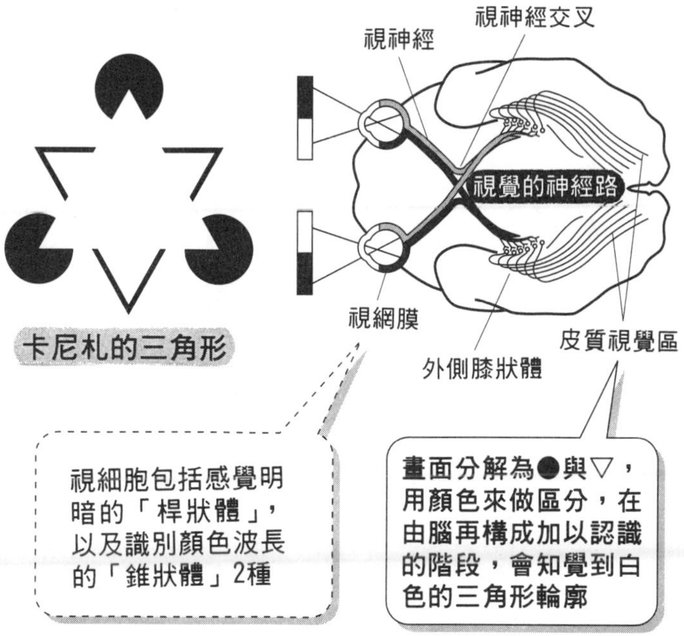

卡尼札的三角形
視神經交叉
視神經
視覺的神經路
視網膜
皮質視覺區
外側膝狀體
視細胞包括感覺明暗的「桿狀體」，以及識別顏色波長的「錐狀體」2種
畫面分解為●與▽，用顏色來做區分，在由腦再構成加以認識的階段，會知覺到白色的三角形輪廓

此外，還有「卡尼札的三角形」這個圖的例子。實際上並沒有畫出三角形，但是，卻產生它是三角形的錯覺，在此稍微說明一下。

這是表現腦的知覺、認知訊息處理能力的神奇的例子之一。能夠知覺到實際上並沒有畫出來的圖像，也就是腦並不是直接理解看到的東西，而是將資訊先分爲「形」與「色」，然後再加以構成。

腦在架構已經細分化的資訊時，腦中會製作填補空白部分的畫像，所以實際上並未畫出來的東西卻好像看到了似的。

◆在認識視覺資訊的階段，先入為主的觀點會造成影響

此外，心理因素也容易引起錯覺。像先前的例子，信徒期待瑪莉亞像動起來的奇蹟出現。在教會這個神聖的場所，想要瑪莉亞像能夠動起來的想法，一直存在信徒的腦海當中，因此出現一個期待錯覺的狀態。

這類心理因素，會對錯覺造成強烈的影響。像顏色造成的錯覺就經常出現。有些道路標誌會使用藍底配上白字的配色方式，如此一來，即使在光線微暗處，文字也會浮現出來。顏色浮出來或沈下去，這種因顏色產生的錯覺，都是根據以往得到的經驗所造成的先入爲主的觀念引起的。

藍色系爲寒色，紅色系爲暖色。與藍色有關的水讓人有過冰冷的經驗，與紅色有關的火讓人有過溫暖的印象。人在判斷看到的東西時，經常會在無意識當中加入以往所得到的記憶，也就是帶著先入爲主的觀念，瞬間來理解周遭事物。這種先入爲主的觀念會引起錯覺。如果能夠善加理解，下次再看到同樣的東西就不會引起錯覺了。錯覺並不是視神經系的錯誤，而是我們對於所看到的東西在認識判斷的階段弄錯了。

通常我們會看到錯覺。現在每天看到的電視都有「動畫」，在一秒內看到三十格的靜止畫面。我們看的電影，則是播放一秒二十五格的靜止畫面膠捲，誰都不會認爲自己看到的是靜止的畫面。

相反的，非常懂得慢動作的人，看到這些好像會移動的圖案時，則能夠立刻正確的按下按鈕來定格。藉著認識事物的訓練，看到同樣的東西時就不會引起錯覺了。

認知看到的東西時會產生差距的構造

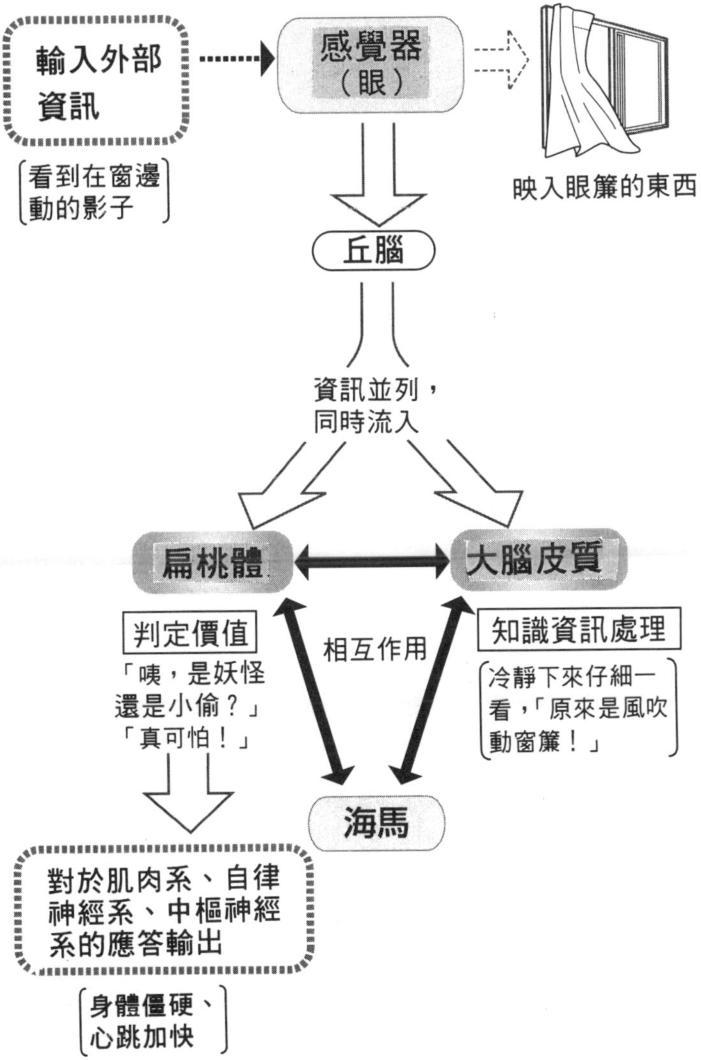
輸入外部資訊
感覺器（眼）
映入眼簾的東西
看到在窗邊動的影子
丘腦
資訊並列，同時流入
扁桃體
大腦皮質
判定價值
「咦，是妖怪還是小偷？」「真可怕！」
相互作用
知識資訊處理
冷靜下來仔細一看，「原來是風吹動窗簾！」
海馬
對於肌肉系、自律神經系、中樞神經系的應答輸出
身體僵硬、心跳加快

2 暗示是否有效？

透過心靈控制真的能夠支配性格及行動嗎？

◆洗腦是對於「顯在意識」發揮作用

以惡質的商業手法兜售商品，或是催眠等商業手法，可以控制心靈。

控制心靈是對於「顯在意識」發揮作用，或者是在本人不知道的情況下對「潛在意識」發揮作用。對於「顯在意識」發揮作用的心靈控制，我們經常用「洗腦」這個詞來描述。

「洗腦」的手法很簡單。首先讓要給予暗示的人承受痛苦，讓他無法睡覺、不能吃東西、不能喝水，讓他從事重勞動工作。第一階段在肉體方面積壓痛苦，幾天內，人就會失去正常的判斷力、思考力。

然後再說一些全面否定其人格的話，使他無法做正確的判斷，以往的價值觀和信念完全消失。

然後再反過來溫柔的對待他，去除他肉體的痛苦，讓他覺得你是他的「菩薩」，他的救命恩人，結果就會死心塌地被你洗腦。新興宗教修行的方法，就是使用這個手法，將教主神格化。

對於「顯在意識」發揮作用的心靈控制

從A到B的『洗腦』

A的價值觀、信念

↓ 肉體的痛苦達到極限狀態

不能吃、不能睡、不給水，強迫做重勞動工作

支撐A價值觀、信念的判斷力及思考力衰退

↓ 以言語否定全部人格，否定價值觀

A的價值觀、信念瓦解

↓ 好像救世主般的人物出現，去除肉體的痛苦

↓ 給予B價值觀

擁有B價值觀及信念

在強烈的肉體體驗之後所植入的價值觀(暗示)無法去除

◆不知不覺中使用意識下的心靈控制

對於「潛在意識」發揮「潛意識知覺」作用的心靈控制，就是對潛在意識發揮作用的手法。相信很多人都聽過「潛意識效果」這樣的說法吧！

最早的實驗是在美國的電影院裡進行的。使用瞬間提示裝置，讓欣賞電影的觀眾每隔五秒就看一次「Drink Coca-Cola!」的文字。文字播放出來的時間只有二十五分之一秒，非常短暫，而觀眾似乎什麼也沒有察覺，只是看著銀幕。

但是，藉著這個潛意識效果，觀眾變得想喝可口可樂。到了休息時間，可口可樂的營業額增加了五七・一％。

有些恐怖電影在播放恐怖畫面之前，會先瞬間出現可怕的「屍體臉孔」，讓觀眾在不知不覺中產生恐懼感，所以演出非常的成功。而在日本則發現，電視台的新聞節目使用潛意識效果引起觀眾的恐懼心理，已成爲嚴重的問題。

那麼，利用催眠術可以欺騙腦嗎？

實際上的確有借重催眠術的醫療行爲。例如，精神科醫師要問出前來治療的患者難以啓齒或是再怎麼想也想不起來的傷心事時，就會使用催眠療法。

進入催眠狀態的患者會遵從醫師的話，於是醫師就能夠了解患者心裡的掙扎到底來自於何處。不僅如此，這時給予處於催眠狀態的患者「問題已經解決了，不再有任何煩惱」的暗示，則患者從催眠狀態醒來之後，暗示就能夠發揮效果。這稱爲「後催

對於「潛在意識」發揮作用的心靈控制

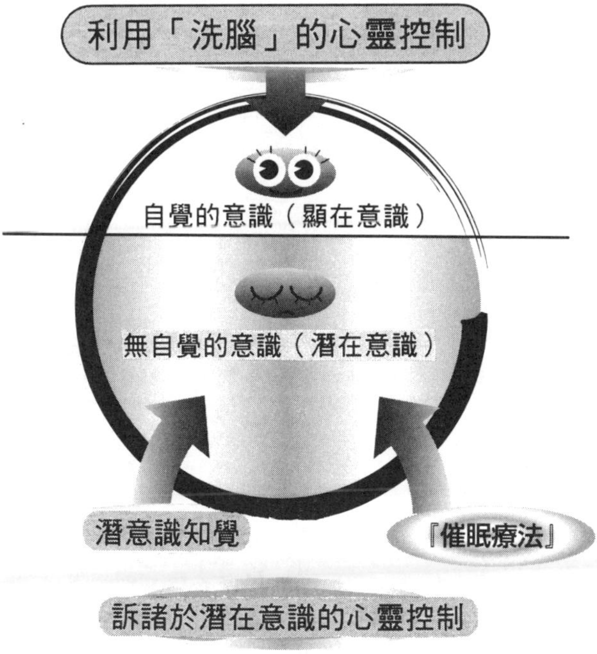

眠暗示」。

像這種給予進入催眠狀態的人暗示的方法，也是在本人不知不覺當中強烈的影響其潛在意識。也就是說，顯在意識完全被騙了。

這種訴諸於潛在意識的心靈控制潛在意識的作用非常大，一旦濫用，則被進行催眠暗示的人就可能在無意識當中被引誘犯罪。類似這樣的事件也曾經被報導出來。

3 可以操縱慾望嗎？

腦對於宣傳的接受程度如何？是否會產生購買慾呢？

◆訴諸物慾及精神慾的CM能提高購買慾

要刺激人類的物慾，有二個必要條件，那就是「知道要使用在何處」、「預料得到之後使用很方便，具有滿足感」。

假設玩具廠商想要讓孩子們玩附帶離合器的新式溜溜球，但是，光靠電視廣告並無法傳達使用溜溜球時的樂趣。這時大型玩具廠商會利用孩子所喜歡的漫畫雜誌，將兩者合而為一，以很會操縱溜溜球的主角做為英雄來推銷溜溜球。

孩子們非常喜歡漫畫的內容，知道主角從玩溜溜球開始而展開整個故事，於是會有一種疑似體驗，認為得到溜溜球就會很幸福。看漫畫感到興奮時，快感荷爾蒙「多巴胺」會從A10神經系分泌出來。

如此一來，這個快感體驗當然就和溜溜球建立了密不可分的關係，因此，溜溜球就在小孩之間成為非常受歡迎的商品。

在心理學上認為愈常看到、聽到的商品，愈能夠增加好感度。在店裡挑選洗潔劑時，經常會買在電視上出現頻率較高的商品，這正是因為其在腦中記憶程度較高的緣故。

接受頻率與喜愛度的相輔相成效果

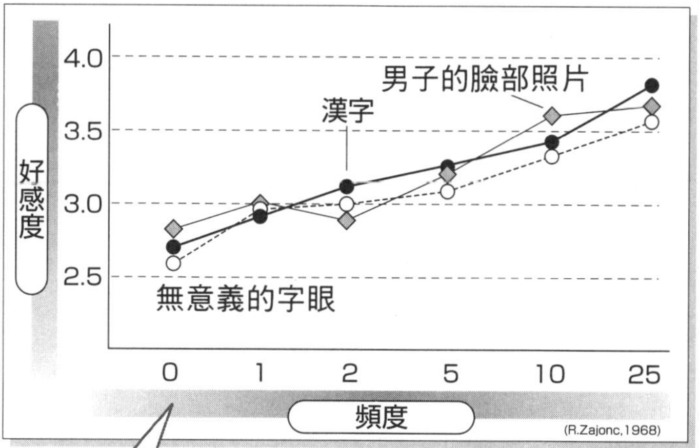

根據社會心理學家塞恩斯的實驗，不論對人或對物，當看過或聽過的次數增加，則關心度及喜愛度都會提高，這時這種「熟知性原則」就能夠發揮作用

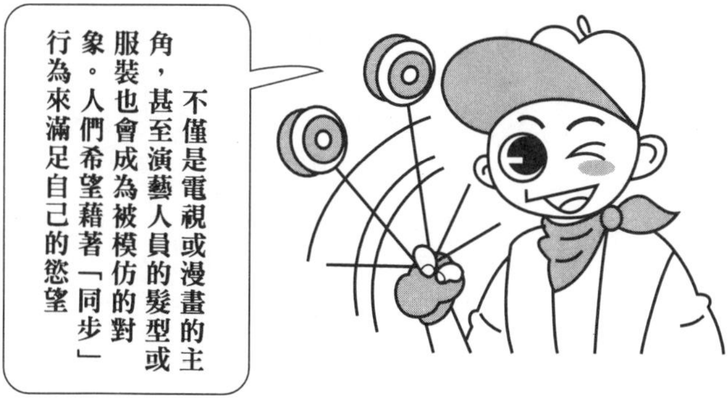

◆小孩與大人都藉著買東西滿足「團體慾」

這已經是個個性化、多樣化的時代，但是，想要與其他人擁有相同東西的心理，一直都沒有改變。丘腦下部三大慾望之一的「團體慾」，使得每個人都想要擁有暢銷商品。

得到大受歡迎的溜溜球的孩子，可以在朋友面前炫耀，或者是嚮往自己會成爲漫畫中的英雄。當朋友稱讚自己時，孩子就會覺得自己的感性得到極高的評價，擁有一種高昂的充實感。於是更加喜歡溜溜球，甚至想要一些新商品的資訊。

不僅是小孩，大人的購買慾望也是如此。如果商品限量發售，就會加速想到得到該商品的慾望，認爲如果只有自己買不到，那麼就會蒙受損失，由於受到這個錯覺的影響，因此想要買到它。

電器廠商中起步較晚的新力公司，以及從摩托車轉戰汽車的本田公司，在戰後形成一股新興勢力，急速成長。這時創業者的「神話」在大眾傳媒中不斷的宣傳，也是不容忽視的一點。

自己選購商品，覺得自己在支持這個廠商，感到非常驕傲。當該廠商得到極高的評價，企業不斷的成長，自己也能夠感覺到一種喜悅。透過商品，甚至該產品的價值以及自己的存在感都能夠提高，而且自己的評價也提高了。這樣就能夠滿足團體慾。

物慾與團體慾的密切關係

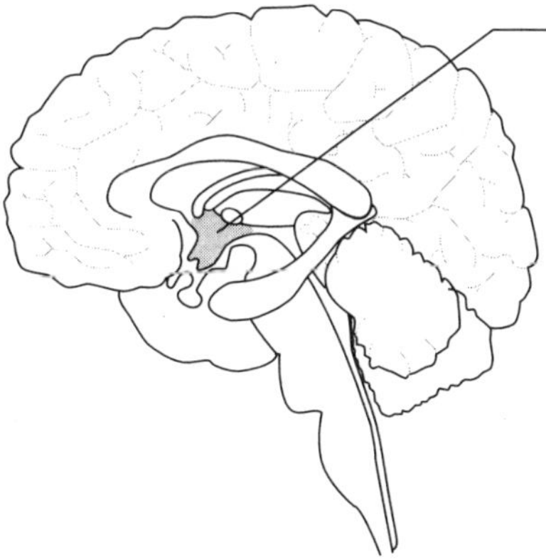

丘腦下部的三大慾望

食慾

性慾

團體慾

不希望脫離團體所流行的事物、行為及想法，想要與這個對象一樣，於是就會模仿其行動

＝

心理學上「同步行動」的表現

產生物慾、促進購買慾

如果所擁有企業或商品的品牌價值較高，或是與其有關係，就會認為自己的價值也提高了

＝

心理學上的「光環效果」

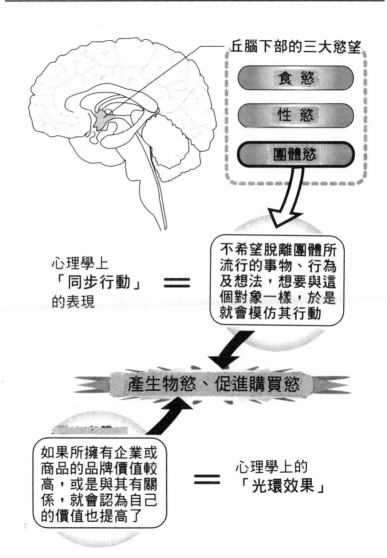

4 藥物能夠控制腦嗎？

解析對於神經細胞的作用及其危險性

◆藥物的作用會使多巴胺過剩分泌

會對腦產生強烈作用的藥物，包括「古柯鹼」、「安非他命」、「嗎啡」等。不同的藥物，其作用及作用部位有所不同。

由古柯葉浸出的「古柯鹼」，對於額聯合區及側坐核產生作用。興奮劑「安非他命」，對於透過側坐核及Ａ６神經通過整個腦的覺醒性神經產生作用。「嗎啡」對於側坐核、丘腦下部、中腦產生作用。

這些直接、間接的好像分泌出神經傳遞質似的，會讓人產生快感。從腦內的作用構造來看，藥物的確會造成可怕的「依賴性」。

安非他命等具有與Ａ10神經系所分泌的快樂荷爾蒙多巴胺完全同樣的分子構造，因此腦的各處會錯覺有多巴胺分泌出來，於是毫無理由的產生一種幸福的感覺。這些藥物會使得多巴胺過剩分泌。而假多巴胺持續發揮作用，就會引出真正的多巴胺。

額聯合區在思考創造性事物時，大腦新皮質會旺盛的活動。興奮劑對此產生效果，就會出現幻想的音樂構想或是新的繪畫印象，能夠使創造能力更為提高。此外，也能夠產生幸福感、恍惚感。

藥物產生作用的腦的部位與反應

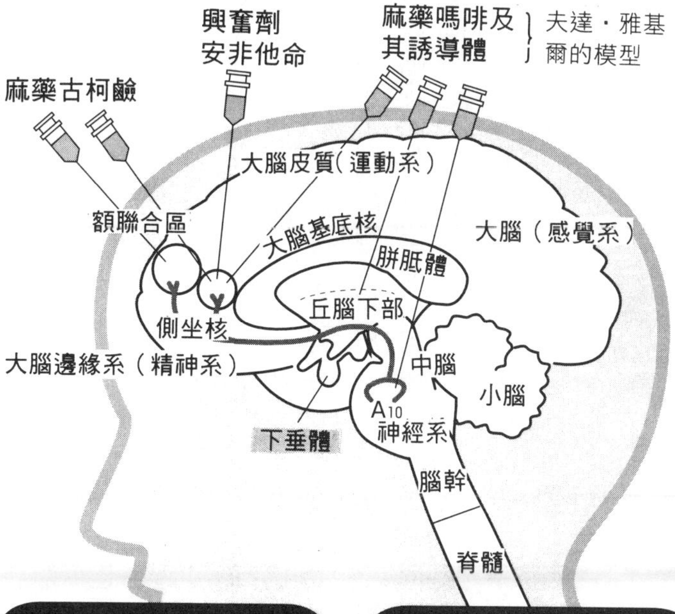

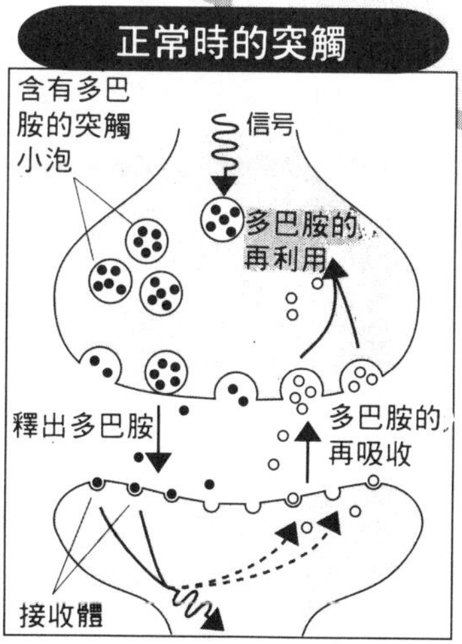

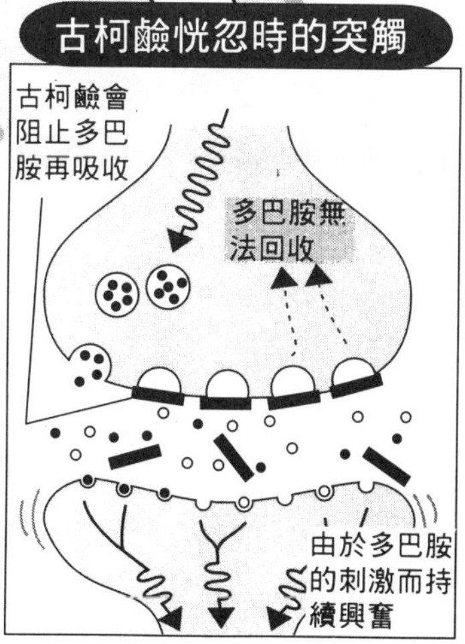

不過，持續服用這類藥物會有危險性。因爲爲了得到強烈快感，「側坐核」會強烈要求這種快感，使得慾望無法被壓抑，於是，出現與心因性依賴症不同的藥物性依賴症。

麻藥則與興奮劑的作用相反，是使抑制多巴胺分泌的物質在腦內生成。「兒茶酚胺細胞」所產生的神經毒「6•羥多巴胺（6—OHDA）」會出現。當要傳遞快感信號時，它就有停止多巴胺分泌的作用。

如果中腦的A10神經系注入了6—OHDA，就會抑制多巴胺的分泌，而減少攝食行爲或飲水行爲。醫師所開的精神鎮定劑「抗精神分裂症藥」，同樣具有抑制A10神經的作用、抑制多巴胺分泌的作用。

◆活用在治療上的嗎啡的作用

麻藥嗎啡的作用與安非他命或古柯鹼都不同。

古柯鹼能夠提高A10神經系的活動，抑制分泌的多巴胺再吸收，使其過剩分泌。相反的，嗎啡則藉著麻藥接收體促進A10神經系的作用。

除了控制A10神經系的「γ酪氨酸神經」有麻藥接收體之外，在呼吸器官、消化管等全身各處也都有麻藥接收體。嗎啡進入體內時，不光是腦，全身的麻藥接收體也都會發揮作用。因此，在腦內產生快感的同時，也會對全身都產生效果。

由於嗎啡有這個特性，因此，在醫療現場將其當做鎮痛劑來使用。但是，當成鎮

憂鬱症與治療藥作用的構造

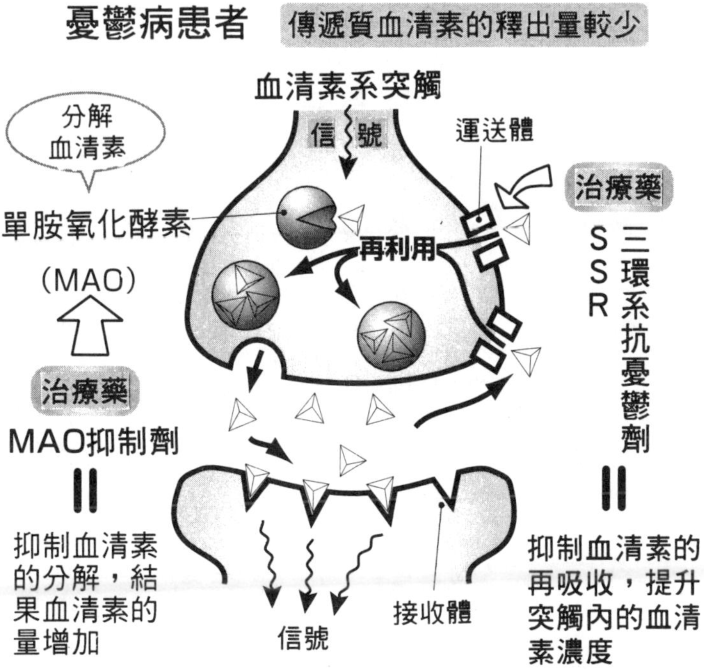

痛劑的嗎啡的缺點，就是副作用太強。

對喉嚨產生作用時，具有止咳作用，對胃腸產生強烈作用時，會出現便秘、嘔吐現象。而其他藥物的脫癮症狀，只會出現在藥物產生作用的腦，但是，因爲全身都有麻藥接收體，因此使用嗎啡會在全身都出現不舒服的感覺。只有末期癌症患者才能使用大量嗎啡，不僅是因爲依賴性極強，同時也因爲強烈的脫癮症狀會使其痛苦的緣故。

5 腦看見幻覺的構造

因為缺氧或藥物而引起幻覺，是因為腦的多巴胺產生作用

◆多巴胺分泌過剩會引起幻覺

使用麻藥或興奮劑等藥物時，人會產生幻覺。這是因爲藥物對於給予快感的中樞產生作用，促進了A10神經系分泌快感荷爾蒙多巴胺的緣故。

因爲藥物而強制分泌多巴胺時，大腦新皮質的神經細胞清醒，開始混亂，產生幻覺。對於來自外界的刺激產生過剩的感覺，顏色看起來太過鮮明，或者即使是平時常聽的音樂，聽起來也像是完全不同的曲子。

出現幻覺時，思考與判斷的神經細胞同時呈現混亂狀態，因此，缺乏正確的判斷力。經常使用興奮劑的人，會做出脫離常軌的行動或犯罪行爲，就是因爲思考力、判斷力極度衰退的緣故。

興奮劑「安非他命分子」和多巴胺分子的構造非常類似，只是沒有多巴胺的氫氧基（ＯＨ）。其他異物在「腦關卡」會被擋住，無法進入腦內，但是，安非他命是脂溶性的，隨著血液循環，能夠順利通過腦關卡到達腦。

在使用藥物之後會出現幻覺。經常使用藥物的人，即使停止使用藥物，也會因爲

引起幻覺的構造

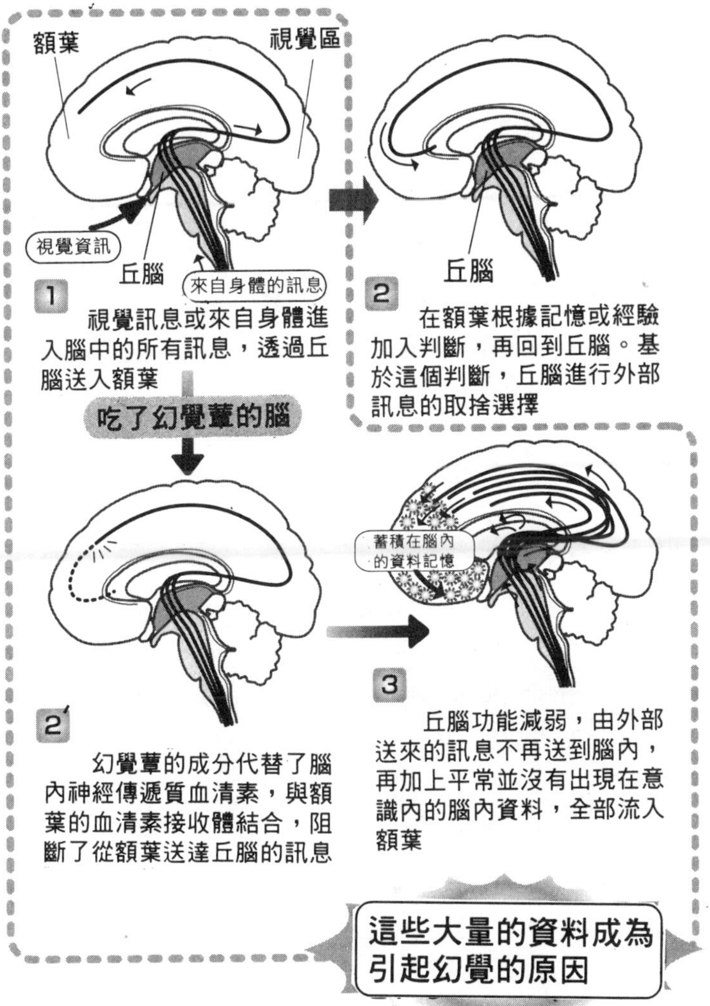
額葉
視覺區
視覺資訊
丘腦
來自身體的訊息
1
視覺訊息或來自身體進入腦中的所有訊息，透過丘腦送入額葉
丘腦
2
在額葉根據記憶或經驗加入判斷，再回到丘腦。基於這個判斷，丘腦進行外部訊息的取捨選擇
吃了幻覺蕈的腦
2'
幻覺蕈的成分代替了腦內神經傳遞質血清素，與額葉的血清素接收體結合，阻斷了從額葉送達丘腦的訊息
蓄積在腦內的資料記憶
3
丘腦功能減弱，由外部送來的訊息不再送到腦內，再加上平常並沒有出現在意識內的腦內資料，全部流入額葉
這些大量的資料成為引起幻覺的原因

（根據秋里西大學精神醫院法蘭茲・福蘭瓦達博士的說法）

殘存著多巴胺異常分泌的記憶，當受到一些刺激時，腦就會突然瞬間回憶。這時會喚醒幻覺，出現類似後遺症的幻覺。藥物使用量愈多的人，愈會有這種幻覺的煩惱。

◆腦內出現「臨死體驗」的現象

「自己死了，躺在那裡，近親圍在自己的遺體旁邊哭泣，而自己卻飄浮在空中目睹這一幕。」很多臨死體驗者會這樣敘述。

腦出現發炎症狀、腫瘤、內出血等損傷時，也會有同樣的體驗。看到在睡覺的自己，或是在做一些事情時感覺到身後還有另一個自己。這種「自像幻視」的症狀，是因爲頂葉與枕葉的損傷而引起的。

癲癇發作時，也會出現自像幻視。尤其顳葉所出現的癲癇，更容易出現類似臨死體驗的情形。腦受損時，血液循環停止，腦呈現缺氧狀態，神經細胞活動混亂。這時活動電位不規則持續高漲，會出現「異常起火」的現象。腦內的神經細胞持續出現連鎖性異常信號的現象。這種異常現象與引起癲癇發作的現象完全相同。

據說瀕臨危機時，過去的事情會如跑馬燈般鮮明的映在腦海當中。也就是積存過去記憶的顳葉出現了這種異常起火的現象。原本已經死掉的祖父母，就好像活生生的出現在眼前一樣，原本應該在遠處的親朋好友、兄弟姊妹的印象，就好像跑馬燈似的在腦中流竄。這是因爲過去的記憶藉著起火的現象被強制喚醒的緣故。

看到強光或聽到頭痛欲裂的雜音時，憂鬱症與治療藥作用的構造記憶的神經細胞

藉著「異常起火」引起的記憶清醒的印象

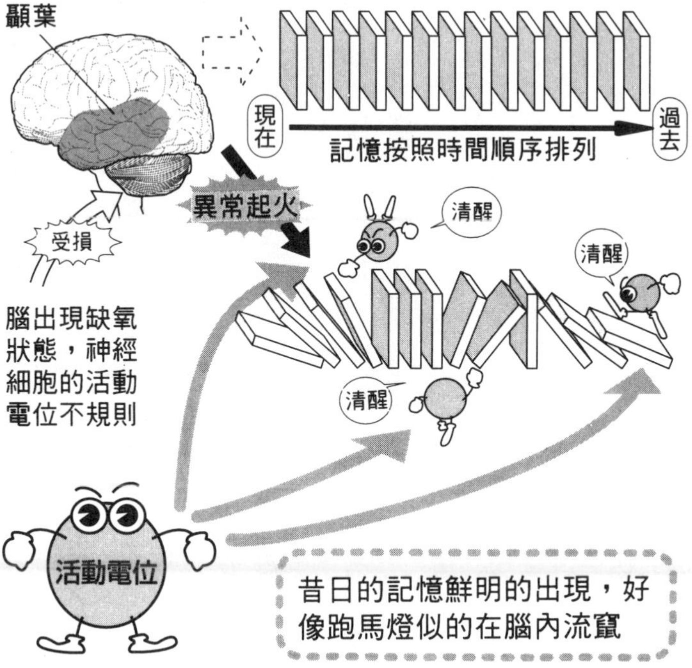

會好像骨牌效應似的陸續清醒。同時，以往沒有體驗過的幸福感也會出現。這是因爲藉著起火現象，使得快感神經大量釋出產生快感、清醒的神經傳遞質多巴胺的緣故。

尤其快感中樞（包括中腦、腹側被蓋區）的A10神經，會以進行精神活動的神經系爲主朝四面八方擴散，而在出現這些腦內現象的同時，就好像按下開關的狀態一樣。

所以，會擁有以往從來沒有經驗過的快感。

顏色與香氣會對於心理造成何種作用？

色彩心理學已經超越國家、民族，成為世界共通的知識

◆「古老記憶」對於心理造成的影響

色彩或香氣都會改變人類心理的狀態。顏色或形狀的資訊映入眼簾，通過「丘腦」，由大腦的「視覺區」認識。香氣分子附著於鼻腔上部「嗅上皮」黏膜，利用五千萬個「嗅細胞」的纖毛感覺到，這些訊息經由嗅球進入大腦的嗅覺中樞，讓我們認識到底是何種氣味。

嗅覺系的腦可以說是最古老的腦，與單細胞生物嗅細胞聞到氣味分子的構造完全相同。魚類的腦幾乎全都由嗅腦占據。

支配視覺的，則是會與光反應的物質「視紫質」，與嗅細胞接收體的分子一樣的接收體。光的三原色是紅、藍、綠，人在進化過程當中，成功的感受到這三種光，因此得到了彩色世界。調查基因的結果，首先是感受到藍，接著在三千萬年前感受到紅、綠，然後成功的將紅、綠分開來感覺。在此之前，人和進化途徑不同的一種猿猴只能看到藍色，而像狗、貓等許多哺乳類也只能夠看到單色。

由於受到蓄積在腦中的史前古老記憶的影響，因此顏色與香氣會造成心理影響。雖然世界各地的文化、歷史差距達到三千年的程度，但是關於顏色與香氣，所有人類

顏色與感情的關係

屬性種別		感情的性質	顏色例	感 情 的 性 質
色相	暖色	溫暖的 積極的 活動的	紅	激情、憤怒、歡喜、活力、興奮
			紅黃	喜悅、興奮、活潑、元氣
			黃	快活、明朗、愉快、活動、元氣
	中性色	中庸 平靜 平凡	綠	安詳、舒暢、平靜、青春
			紫	嚴肅、優雅、神秘、不安、溫柔
	寒色	冰冷 消極 沈靜	藍綠	安息、清涼、憂鬱
			藍	沈著、寂寞、悲哀、深遠、沈靜
			藍紫	神秘、崇高、孤獨
明度	明	活潑、明朗	白	純粹、清純
	中	穩定	灰	穩定、抑鬱
	暗	陰氣、厚重	黑	陰鬱、不安、莊嚴
彩度	高	新鮮、活潑	朱紅	熱烈、激動、熱情
	中	平靜、溫和	粉紅	可愛、溫柔
	低	澀味、平靜	紅	平靜

（根據日本色彩學會編著的『色彩科學手冊』）

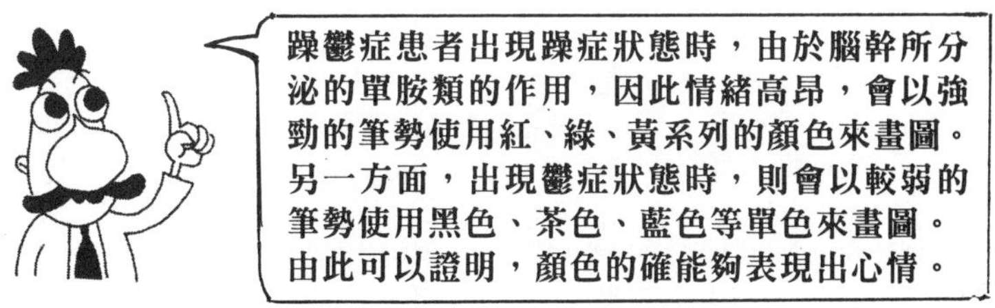
躁鬱症患者出現躁症狀態時，由於腦幹所分泌的單胺類的作用，因此情緒高昂，會以強勁的筆勢使用紅、綠、黃系列的顏色來畫圖。另一方面，出現鬱症狀態時，則會以較弱的筆勢使用黑色、茶色、藍色等單色來畫圖。由此可以證明，顏色的確能夠表現出心情。

幾乎都擁有同樣的印象。此外，視覺資訊、嗅覺資訊，與海馬、扁桃體、丘腦下部等大腦邊緣系有密切的關係。大腦邊緣系有情緒腦支擋，與人類的心情、情感有密切關係，顏色與香氣也能夠影響人的心情。

◆人的鼻子能夠分辨四十萬種氣味

顏色和氣味具有普遍性的心理作用，不過也有例外情況。

讓被實驗者看金桂的照片，然後再聞金桂的香氣，結果會回答「很好聞」。另一方面，讓被實驗者看廁所照片，然後再聞金桂的香氣，結果讓人想起廁所的芳香劑而覺得「很難聞」。廁所的芳香劑大多是使用金桂的香氣，但是，我們卻無法立刻判斷出那是廁所的香氣。

氣味分子總共有四十萬種，人的嗅細胞擁有能夠分辨不同氣味的一千種接收體，所以只要分子稍有差異，任一接收體都能夠感覺到其變化，能夠正確判斷出四十萬種氣味。

人的眼睛很好，於是在生活上不知不覺變得十分依賴視覺訊息。然而事實上，嗅覺也是十分敏銳的。由於大多不會下意識的使用嗅覺，因此鼻子上陣的機會較少。

例如，幾乎所有的人即使矇住眼睛，也能夠輕易的聞出香蕉的氣味，而香蕉氣味是由二十八種分子組合而成的複雜氣味。因爲能夠敏感的嗅出每一種分子，所以能夠直覺到這就是香蕉的氣味。

嗅覺神經傳達氣味

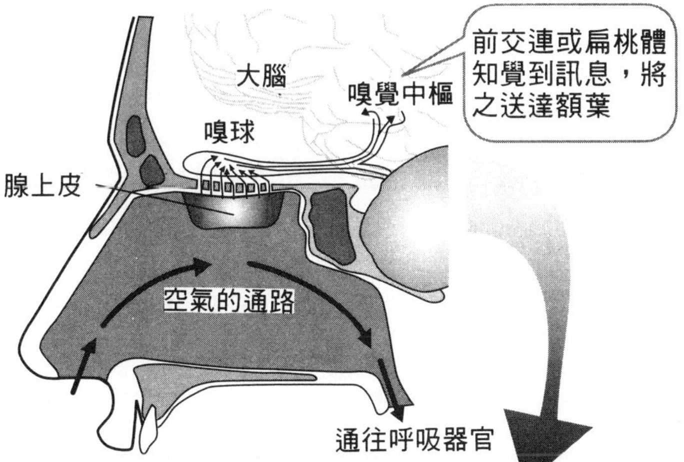
前交連或扁桃體知覺到訊息，將之送達額葉
大腦
嗅覺中樞
嗅球
腺上皮
空氣的通路
通往呼吸器官

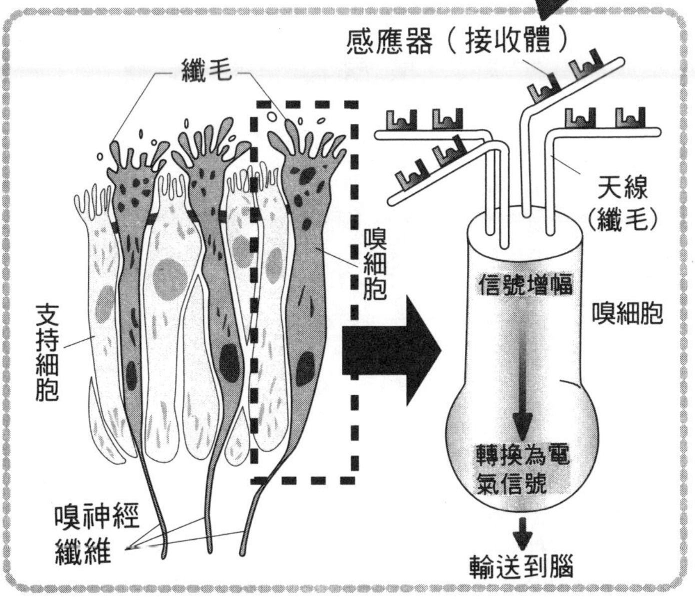
感應器（接收體）
纖毛
嗅細胞
天線（纖毛）
支持細胞
信號增幅
嗅細胞
轉換為電氣信號
嗅神經纖維
輸送到腦

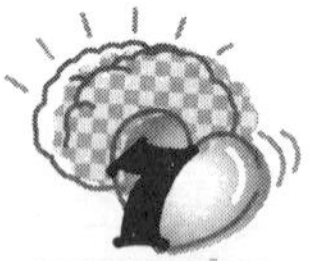

運動時腦會得到健康嗎？

與支撐腦的物質代謝關係密切的有氧運動

◆有氧運動能夠提高腦的代謝，使腦的功能順暢

步行、慢跑、游泳、騎自行車、有氧舞蹈等有氧運動，使得流入腦內的血流增加三十～四十％。由肝臟的「糖原」供應、由肌肉使用的「葡萄糖」，在腦內成爲熱量源來使用。血流增加時，腦可以旺盛的活動，呈現清晰的狀態。

如果血液中的氧減少，則葡萄糖成爲熱量時會氧化，被分解爲二氧化碳和水，同時會生成「丙酮酸」。而供應的氧減少時，丙酮酸就會變成「乳酸」，形成「精蛋白棟」物質。一旦形成精蛋白棟，組織就會變成酸性，抑制細胞內的酵素作用，產生疲勞感。

監控腦脊髓液中的「胺濃度」，就可以得知腦的代謝與有氧運動的關係。讓大鼠運動，調查對於腦代謝的影響，發現大腦新皮質和大腦邊緣系的海馬在安靜時代謝較高。人在從事步行運動之後，多巴胺的分泌量在大腦新皮質方面沒有變化，但是，在大腦邊緣系則稍有增加。也就是說，輕微的運動能夠使大腦邊緣系的功能旺盛，個性也會變得比較積極。

有氧運動是3大熱量供給源之一

肌肉收縮產生熱量

Ⅱ

「腺苷三磷酸（ATP）」

藉著分解作用，形成肌肉收縮的力量。
使用於收縮骨骼肌時，1 ATP 持續 0.5 秒。

↑ 持續

供給3大熱量

1 ATP－PC 系的熱量供給（最大 10 秒）

使用於近距離、跳高、扔球

利用磷酸肌酸的熱量以無氧的方式
再合成 ATP

2 乳酸系的熱量供給（1 分鐘～3 分鐘內）

800公尺賽跑、100公尺游泳比賽

糖原（肝臟、肌肉）
葡萄糖（血液）
} 利用無氧方式解糖再合成 ATP
產生丙酮酸（氧不足時會還原為乳酸）

3 有氧系的熱量供給（長時間）

慢跑以及其他長時間的運動

糖原
脂肪
蛋白質（氨基酸）
} 氧化之後再合成 ATP

同樣是1分子葡萄糖，如果是乳酸系熱量供給，只能夠形成3 ATP，而如果是有氧系熱量供給，則可以形成38ATP！

8 心理療法能夠治療腦嗎？

以森田療法為先驅的放鬆療法能夠對腦產生作用嗎？

◆「精神交互作用」會增加疼痛或壓力

現代人終日承受壓力，因此，想出很多從壓力當中解放出來的放鬆方法。心理療法的代表，就是已故的森田正馬博士所提倡的「森田療法」。森田療法是不要避開或否定眼前的不安，要「欣然接受一切」的一種放鬆療法。

人如果注意到自己的壓力，則這個壓力就有不斷的壓自己的傾向。小孩跌倒擦傷時，會誇張的叫著「好痛啊！好痛啊！」最初的疼痛也許沒什麼，但是，若孩子把意識集中在對疼痛的感覺上，就會使得疼痛增強。

森田博士將此作用命名爲「精神交互作用」。

不光是單純的疼痛，在壓力方面也有「精神交互作用」或「身體交互作用」，使得最初的壓力不斷的擴大，變成沈重的壓力，在無形中使得身體崩潰。

◆藉著放鬆，使得壓力信號停止在「網樣體」、「丘腦」

瑜伽行者即使手割傷了，也面不改色。「雖然感覺疼痛，但是不覺得痛苦。」如果把疼痛替換爲「壓力」，情形也是一樣。所謂放鬆，就是即使感覺到壓力，也不會感覺到痛苦。

「精神交互作用」的構造

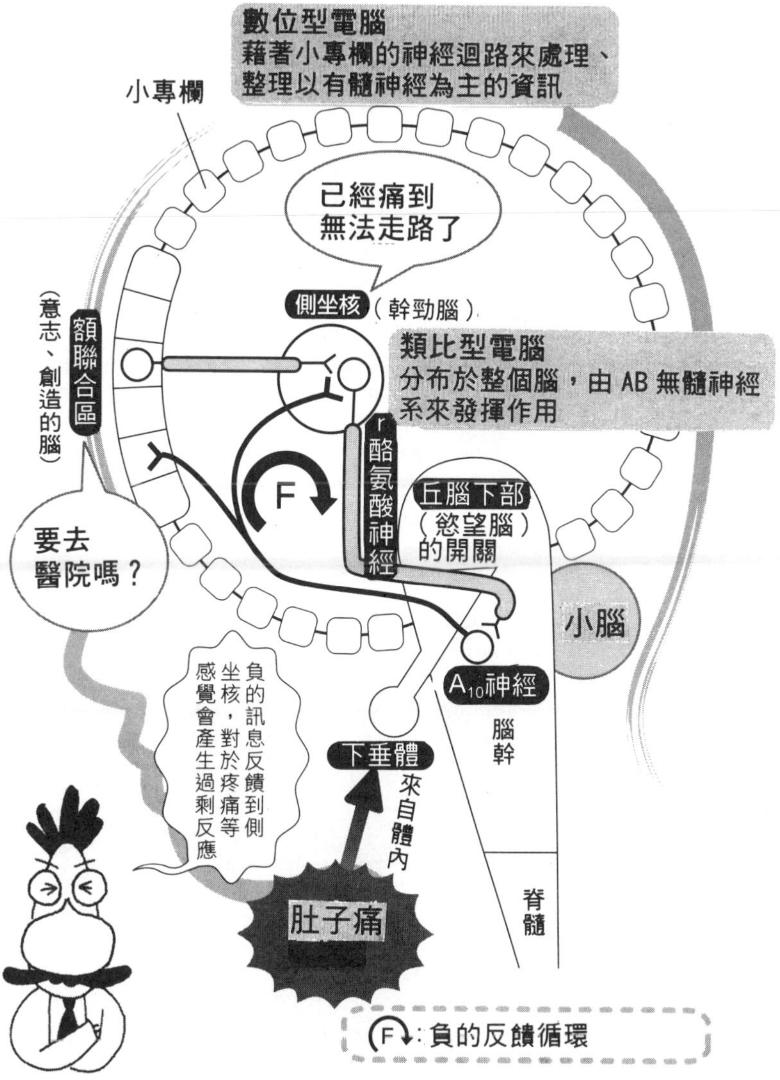
數位型電腦
藉著小專欄的神經迴路來處理、整理以有髓神經為主的資訊
小專欄
已經痛到無法走路了
側坐核（幹勁腦）
類比型電腦
分布於整個腦，由 AB 無髓神經系來發揮作用
額聯合區
（意志、創造的腦）
要去醫院嗎？
r 酪氨酸神經
F
丘腦下部（慾望腦）的開關
小腦
A10神經
腦幹
負的訊息反饋到側坐核，對於疼痛等感覺會產生過剩反應
下垂體
來自體內
肚子痛
脊髓
F：負的反饋循環

遇到疼痛或壓力時，腦中會進行何種處理呢？

人在受傷時，皮膚的感覺器官感覺到的疼痛經由脊髓傳達到腦的知覺區，同時也經由腦幹的「網樣體」傳達到「丘腦」。網樣體與丘腦判斷這是「輕傷嘛！」於是疼痛信號就此停止，身體得到放鬆。但是，如果產生「精神交互作用」，則接收疼痛信號的「網樣體」和「丘腦」會將疼痛信號傳達到整個腦，想要喚醒腦。這時整個腦就會緊張而接受疼痛，這個疼痛的感覺使得內臟也跟著緊張，本人也感覺到比原先的疼痛更難受的痛苦。

放鬆療法不是避免壓力，而是要解除這個「精神交互作用」。現在開發了許多放鬆療法，大多是下意識的給予肉體和感覺緊張與放鬆，對於因為壓力而持續處於緊張狀態的腦的「網狀體」及「丘腦」，巧妙的喚回輕鬆感覺。

強迫性障礙（強迫神經症）的情形是，在上完廁所之後的一個小時內，頻頻去洗手，或是總覺得大門忘了鎖，因此無法外出。

這也是精神交互作用造成「不安」的惡性循環。這種症狀只能夠藉著不洗手、不去一再確認門是否上鎖的行動療法來杜絕不安的惡性循環。只要沒有不安，就能夠接受事實，而不安感也就消除了。

判斷痛覺的「網樣體」與「丘腦」的作用

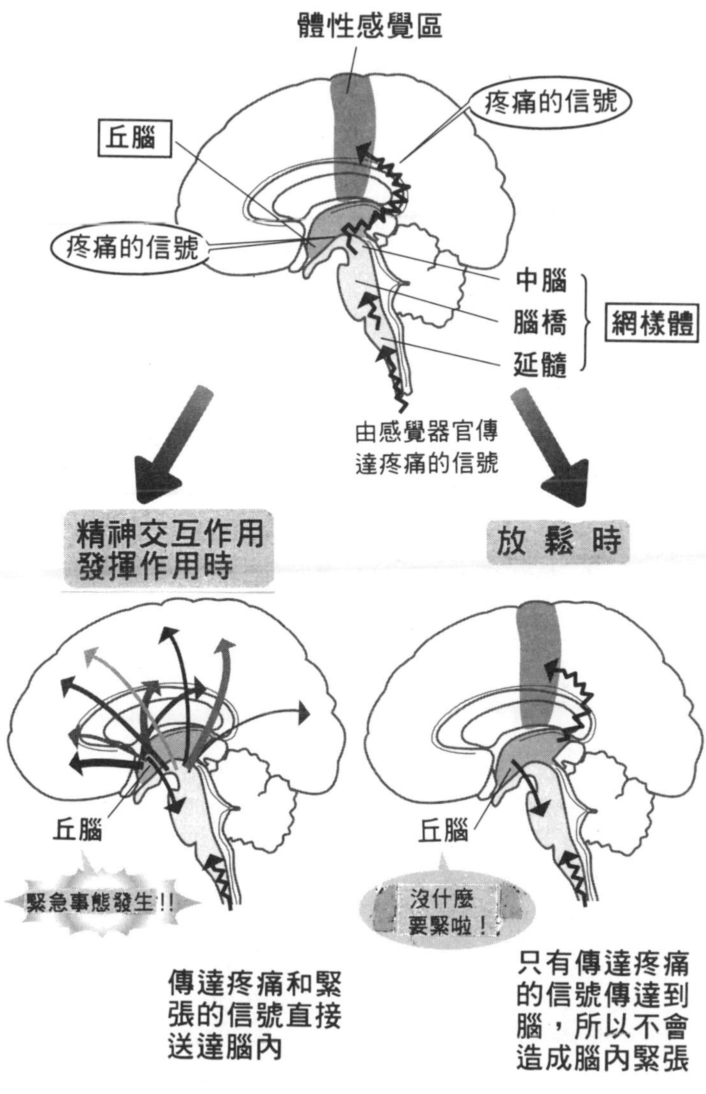

【用語解說索引】（以筆劃順序排列）

A10神經……122，190，201

A10神經經路圖……123

ABC神經配列圖……119

ACTH（促腎上腺皮質激素）……132，152

PGO波……172

REM睡眠……72，168

REM睡眠的神經經路圖……173

r酪氨酸神經……196

將γ酪氨酸（GABA）當成神經傳遞質的神經，成為調停神經，廣泛分布於腦內，是控制系統的神經傳遞質。調節多巴胺作動性神經、降腎上腺素作動性神經、血清素作動作神經。

乙酰膽鹼……66，72

神經肌肉接合部及副交感神經突出處的傳達物質，接收體至少有二種。

人工智慧……44

就科學面來看，在電腦上進行智慧功能的模擬實驗等，當成解析人類腦功能的方法之一。就工學面來看，則是為了讓電腦更具智慧而進行相關的研究。

三十八區……105

三叉神經……86

神經中最粗的神經，又稱為第五腦神經。有知覺根與運動根。知覺根的三叉神經節，分出眼神經、上顎神經、下顎神經等三枝。運動根則進入三叉神經節的下內側，再加上下顎神經支配咀嚼肌。

下垂體……133

朝間腦底下垂的圓形腺，藉著細的漏斗

大腦的半球之間，間腦第三腦室的後方。位於丘腦床與中腦之間的陷凹部。彷彿小的球果狀內分泌器官，會分泌N乙酰五甲氧基色胺及血清素。

夜驚症……165

連精神科醫師都不明實態的兒童疾病。和夜晚啼哭不同。一旦出現症狀，則每晚都會發症。可能是父母的爭吵成為心靈的傷害或本人無法處理的糾葛而引起的。

青斑核……72，116，172

分泌降上腎素的神經系列中最大的6A神經核。由於呈藍黑色，所以稱為青斑核。位於腦幹的正中央。

帕金森症……43，163

英國醫師帕金森發表的疾病。肌肉緊張度高，形成無意識的顫抖，無法隨心所欲的活動身體。由黑質、線條體、蒼白球等的問題所造成的。

表在知覺……83

兒茶酚胺……43，74，196

長期記憶……29，100

郎飛爾氏結……35

爬行纖維……20，106

爬蟲類型腦……24，48，50

性慾中樞……128

性腺刺激素……129

性格的形成……138

性格分析測驗……139

紀元前二世紀時，希臘出現觀相術。第一次世界大戰至第二次世界大戰期間，歐美為了配合士兵的性格以指派任務，於是盛行藉著生理學家之手，研究心理測驗及性格分析的技巧。德國的精神醫學家克雷奇馬提出「類型論」；瑞士的心理學家雨果提出「血性分類」；瑞士的精神科醫師洛爾夏發則提出「精神診斷法」。

阿茲海默症……22，174

視網膜的視神經之一。和感覺光亮的錐狀體不同，桿狀體會對較暗的光產生反應，將訊息傳達到視神經，送到大腦皮質，成為視覺。

【主編介紹】

永田　和哉

◎——1957年出生於日本大阪府。1981年畢業於日本東京大學醫學部。進入東京大學醫學部腦神經外科，擔任瑞典卡洛琳斯卡醫科大學臨床生化學客座研究員、新東京醫院腦神經外科部長、埼玉醫科大學綜合醫療中心腦神經外科講師等。94年起擔任公立昭和醫院腦神經外科主任。為醫學博士。

◎——專攻腦血管障礙，尤其擅長蛛網膜下出血的外科治療。為日本腦神經外科學會、日本腦中風學會、日本腦循環代謝學會的評議員。帝京大學腦神經外科兼任講師、埼玉大學腦神經外科兼任講師。

【作者介紹】

小野瀨　健人

◎——1954年出生於日本茨城縣。82年起成為業餘作家，相當活躍。擔任對解析腦的組織構造與身體機能，同時進行最尖端的身心障礙兒復健訓練研究。開發的英國團體「Brain Wave」的駐日代表。

◎——著作包括『流通大改革的衝擊』、『為什麼逆說的經營會成功』、『大地提出警告』等。

・象棋輕鬆學・品冠編號 69

1.	象棋開局精要	方長勤審校	280 元
2.	象棋中局薈萃	言穆江著	280 元
3.	象棋殘局精粹	黃大昌著	280 元
4.	象棋精巧短局	石鏞、石煉編著	280 元

・生活廣場・品冠編號 61

1.	366 天誕生星	李芳黛譯	280 元
2.	366 天誕生花與誕生石	李芳黛譯	280 元
3.	科學命相	淺野八郎著	220 元
4.	已知的他界科學	陳蒼杰譯	220 元
5.	開拓未來的他界科學	陳蒼杰譯	220 元
6.	世紀末變態心理犯罪檔案	沈永嘉譯	240 元
7.	366 天開運年鑑	林廷宇編著	230 元
8.	色彩學與你	野村順一著	230 元
9.	科學手相	淺野八郎著	230 元
10.	你也能成為戀愛高手	柯富陽編著	220 元
12.	動物測驗—人性現形	淺野八郎著	200 元
13.	愛情、幸福完全自測	淺野八郎著	200 元
14.	輕鬆攻佔女性	趙奕世編著	230 元
15.	解讀命運密碼	郭宗德著	200 元
16.	由客家了解亞洲	高木桂藏著	220 元

・血型系列・品冠編號 611

1.	A 血型與十二生肖	萬年青主編	180 元
2.	B 血型與十二生肖	萬年青主編	180 元
3.	0 血型與十二生肖	萬年青主編	180 元
4.	AB 血型與十二生肖	萬年青主編	180 元
5.	血型與十二星座	許淑瑛編著	230 元

・女醫師系列・品冠編號 62

1.	子宮內膜症	國府田清子著	200 元
2.	子宮肌瘤	黑島淳子著	200 元
3.	上班女性的壓力症候群	池下育子著	200 元
4.	漏尿、尿失禁	中田真木著	200 元
5.	高齡生產	大鷹美子著	200 元
6.	子宮癌	上坊敏子著	200 元
7.	避孕	早乙女智子著	200 元
8.	不孕症	中村春根著	200 元
9.	生理痛與生理不順	堀口雅子著	200 元

10. 更年期　野末悅子著　200 元

・傳統民俗療法・品冠編號 63

1. 神奇刀療法　潘文雄著　200 元
2. 神奇拍打療法　安在峰著　200 元
3. 神奇拔罐療法　安在峰著　200 元
4. 神奇艾灸療法　安在峰著　200 元
5. 神奇貼敷療法　安在峰著　200 元
6. 神奇薰洗療法　安在峰著　200 元
7. 神奇耳穴療法　安在峰著　200 元
8. 神奇指針療法　安在峰著　200 元
9. 神奇藥酒療法　安在峰著　200 元
10. 神奇藥茶療法　安在峰著　200 元
11. 神奇推拿療法　張貴荷著　200 元
12. 神奇止痛療法　漆 浩 著　200 元
13. 神奇天然藥食物療法　李琳編著　200 元
14. 神奇新穴療法　吳德華編著　200 元
15. 神奇小針刀療法　韋丹主編　200 元
16. 神奇刮痧療法　童佼寅主編　200 元
17. 神奇氣功療法　陳坤編著　200 元

・常見病藥膳調養叢書・品冠編號 631

1. 脂肪肝四季飲食　蕭守貴著　200 元
2. 高血壓四季飲食　秦玖剛著　200 元
3. 慢性腎炎四季飲食　魏從強著　200 元
4. 高脂血症四季飲食　薛輝著　200 元
5. 慢性胃炎四季飲食　馬秉祥著　200 元
6. 糖尿病四季飲食　王耀獻著　200 元
7. 癌症四季飲食　李忠著　200 元
8. 痛風四季飲食　魯焰主編　200 元
9. 肝炎四季飲食　王虹等著　200 元
10. 肥胖症四季飲食　李偉等著　200 元
11. 膽囊炎、膽石症四季飲食　謝春娥著　200 元

・彩色圖解保健・品冠編號 64

1. 瘦身　主婦之友社　300 元
2. 腰痛　主婦之友社　300 元
3. 肩膀痠痛　主婦之友社　300 元
4. 腰、膝、腳的疼痛　主婦之友社　300 元
5. 壓力、精神疲勞　主婦之友社　300 元
6. 眼睛疲勞、視力減退　主婦之友社　300 元

・休閒保健叢書・品冠編號 641

1.	瘦身保健按摩術	聞慶漢主編	200 元
2.	顏面美容保健按摩術	聞慶漢主編	200 元
3.	足部保健按摩術	聞慶漢主編	200 元
4.	養生保健按摩術	聞慶漢主編	280 元
5.	頭部穴道保健術	柯富陽主編	180 元
6.	健身醫療運動處方	鄭寶田主編	230 元
7.	實用美容美體點穴術＋VCD	李芬莉主編	350 元

・心 想 事 成・品冠編號 65

1.	魔法愛情點心	結城莫拉著	120 元
2.	可愛手工飾品	結城莫拉著	120 元
3.	可愛打扮 & 髮型	結城莫拉著	120 元
4.	撲克牌算命	結城莫拉著	120 元

・健康新視野・品冠編號 651

1.	怎樣讓孩子遠離意外傷害	高溥超等主編	230 元
2.	使孩子聰明的鹼性食品	高溥超等主編	230 元
3.	食物中的降糖藥	高溥超等主編	230 元

・少 年 偵 探・品冠編號 66

1.	怪盜二十面相	（精）	江戶川亂步著	特價 189 元
2.	少年偵探團	（精）	江戶川亂步著	特價 189 元
3.	妖怪博士	（精）	江戶川亂步著	特價 189 元
4.	大金塊	（精）	江戶川亂步著	特價 230 元
5.	青銅魔人	（精）	江戶川亂步著	特價 230 元
6.	地底魔術王	（精）	江戶川亂步著	特價 230 元
7.	透明怪人	（精）	江戶川亂步著	特價 230 元
8.	怪人四十面相	（精）	江戶川亂步著	特價 230 元
9.	宇宙怪人	（精）	江戶川亂步著	特價 230 元
10.	恐怖的鐵塔王國	（精）	江戶川亂步著	特價 230 元
11.	灰色巨人	（精）	江戶川亂步著	特價 230 元
12.	海底魔術師	（精）	江戶川亂步著	特價 230 元
13.	黃金豹	（精）	江戶川亂步著	特價 230 元
14.	魔法博士	（精）	江戶川亂步著	特價 230 元
15.	馬戲怪人	（精）	江戶川亂步著	特價 230 元
16.	魔人銅鑼	（精）	江戶川亂步著	特價 230 元
17.	魔法人偶	（精）	江戶川亂步著	特價 230 元
18.	奇面城的秘密	（精）	江戶川亂步著	特價 230 元
19.	夜光人	（精）	江戶川亂步著	特價 230 元

20. 塔上的魔術師	（精）	江戶川亂步著	特價	230 元
21. 鐵人Q	（精）	江戶川亂步著	特價	230 元
22. 假面恐怖王	（精）	江戶川亂步著	特價	230 元
23. 電人M	（精）	江戶川亂步著	特價	230 元
24. 二十面相的詛咒	（精）	江戶川亂步著	特價	230 元
25. 飛天二十面相	（精）	江戶川亂步著	特價	230 元
26. 黃金怪獸	（精）	江戶川亂步著	特價	230 元

・武術特輯・大展編號 10

1. 陳式太極拳入門	馮志強編著	180 元
2. 武式太極拳	郝少如編著	200 元
3. 中國跆拳道實戰 100 例	岳維傳著	220 元
4. 教門長拳	蕭京凌編著	150 元
5. 跆拳道	蕭京凌編譯	180 元
6. 正傳合氣道	程曉鈴譯	200 元
7. 實用雙節棍	吳志勇編著	200 元
8. 格鬥空手道	鄭旭旭編著	200 元
9. 實用跆拳道	陳國榮編著	200 元
10. 武術初學指南	李文英、解守德編著	250 元
11. 泰國拳	陳國榮著	180 元
12. 中國式摔跤	黃　斌編著	180 元
13. 太極劍入門	李德印編著	180 元
14. 太極拳運動	運動司編	250 元
15. 太極拳譜	清・王宗岳等著	280 元
16. 散手初學	冷　峰編著	200 元
17. 南拳	朱瑞琪編著	180 元
18. 吳式太極劍	王培生著	200 元
19. 太極拳健身與技擊	王培生著	250 元
20. 秘傳武當八卦掌	狄兆龍著	250 元
21. 太極拳論譚	沈　壽著	250 元
22. 陳式太極拳技擊法	馬　虹著	250 元
23. 二十四式／三十二式太極拳／劍	闞桂香著	180 元
24. 楊式秘傳 129 式太極長拳	張楚全著	280 元
25. 楊式太極拳架詳解	林炳堯著	280 元
26. 華佗五禽劍	劉時榮著	180 元
27. 太極拳基礎講座：基本功與簡化 24 式	李德印著	250 元
28. 武式太極拳精華	薛乃印著	200 元
29. 陳式太極拳拳理闡微	馬　虹著	350 元
30. 陳式太極拳體用全書	馬　虹著	400 元
31. 張三豐太極拳	陳占奎著	200 元
32. 中國太極推手	張　山主編	300 元
33. 48 式太極拳入門	門惠豐編著	220 元
34. 太極拳奇人奇功	嚴翰秀編著	250 元

35.	心意門秘籍	李新民編著	220 元
36.	三才門乾坤戊己功	王培生編著	220 元
37.	武式太極劍精華＋VCD	薛乃印編著	350 元
38.	楊式太極拳	傅鐘文演述	200 元
39.	陳式太極拳、劍 36 式	闞桂香編著	250 元
40.	正宗武式太極拳	薛乃印著	220 元
41.	杜元化＜太極拳正宗＞考析	王海洲等著	300 元
42.	＜珍貴版＞陳式太極拳	沈家楨著	280 元
43.	24 式太極拳＋VCD	中國國家體育總局著	350 元
44.	太極推手絕技	安在峰編著	250 元
45.	孫祿堂武學錄	孫祿堂著	300 元
46.	＜珍貴本＞陳式太極拳精選	馮志強著	280 元
47.	武當趙堡太極拳小架	鄭悟清傳授	250 元
48.	太極拳習練知識問答	邱丕相主編	220 元
49.	八法拳 八法槍	武世俊著	220 元
50.	地趟拳＋VCD	張憲政著	350 元
51.	四十八式太極拳＋DVD	楊 靜演示	400 元
52.	三十二式太極劍＋VCD	楊 靜演示	300 元
53.	隨曲就伸 中國太極拳名家對話錄	余功保著	300 元
54.	陳式太極拳五功八法十三勢	闞桂香著	200 元
55.	六合螳螂拳	劉敬儒等著	280 元
56.	古本新探華佗五禽戲	劉時榮編著	180 元
57.	陳式太極拳養生功＋VCD	陳正雷著	350 元
58.	中國循經太極拳二十四式教程	李兆生著	300 元
59.	＜珍貴本＞太極拳研究	唐豪・顧留馨著	250 元
60.	武當三豐太極拳	劉嗣傳著	300 元
61.	楊式太極拳體用圖解	崔仲三編著	400 元
62.	太極十三刀	張耀忠編著	230 元
63.	和式太極拳譜＋VCD	和有祿編著	450 元
64.	太極內功養生術	關永年著	300 元
65.	養生太極推手	黃康輝編著	280 元
66.	太極推手祕傳	安在峰編著	300 元
67.	楊少侯太極拳用架真詮	李璉編著	280 元
68.	細說陰陽相濟的太極拳	林冠澄著	350 元
69.	太極內功解祕	祝大彤編著	280 元
70.	簡易太極拳健身功	王建華著	180 元
71.	楊氏太極拳真傳	趙斌等著	380 元
72.	李子鳴傳梁式直趟八卦六十四散手掌	張全亮編著	200 元
73.	炮捶 陳式太極拳第二路	顧留馨著	330 元
74.	太極推手技擊傳真	王鳳鳴編著	300 元
75.	傳統五十八式太極劍	張楚全編著	200 元
76.	新編太極拳對練	曾乃梁編著	280 元
77.	意拳拳學	王薌齋創始	280 元
78.	心意拳練功竅要	馬琳璋著	300 元

79. 形意拳搏擊的理與法	買正虎編著	300 元
80. 拳道功法學	李玉柱編著	300 元
81. 精編陳式太極拳拳劍刀	武世俊編著	300 元
82. 現代散打	梁亞東編著	200 元
83. 形意拳械精解（上）	邸國勇編著	480 元
84. 形意拳械精解（下）	邸國勇編著	480 元
85. 楊式太極拳詮釋【理論篇】	王志遠編著	200 元
86. 楊式太極拳詮釋【練習篇】	王志遠編著	280 元
87. 中國當代太極拳精論集	余功保主編	500 元
88. 八極拳運動全書	安在峰編著	480 元
89. 陳氏太極長拳 108 式＋VCD	王振華著	350 元
90. 太極拳練架真詮	李璉著	280 元
91. 走進太極拳 太極拳初段位訓練與教學法	曾乃梁編著	300 元
92. 中國功夫操	莊昔聰編著	280 元
93. 太極心語	陳太平著	280 元
94. 楊式太極拳學練釋疑	奚桂忠著	250 元
95. 自然太極拳<81 式>	祝大彤編著	330 元
96. 陳式太極拳精義	張茂珍編著	380 元
97. 盈虛有象 中國太極拳名家對話錄	余功保編著	600 元

・彩色圖解太極武術・大展編號 102

1. 太極功夫扇	李德印編著	220 元
2. 武當太極劍	李德印編著	220 元
3. 楊式太極劍	李德印編著	220 元
4. 楊式太極刀	王志遠著	220 元
5. 二十四式太極拳（楊式）＋VCD	李德印編著	350 元
6. 三十二式太極劍（楊式）＋VCD	李德印編著	350 元
7. 四十二式太極劍＋VCD	李德印編著	350 元
8. 四十二式太極拳＋VCD	李德印編著	350 元
9. 16 式太極拳 18 式太極劍＋VCD	崔仲三著	350 元
10. 楊氏 28 式太極拳＋VCD	趙幼斌著	350 元
11. 楊式太極拳 40 式＋VCD	宗維潔編著	350 元
12. 陳式太極拳 56 式＋VCD	黃康輝等著	350 元
13. 吳式太極拳 45 式＋VCD	宗維潔編著	350 元
14. 精簡陳式太極拳 8 式、16 式	黃康輝編著	220 元
15. 精簡吳式太極拳<36 式拳架・推手>	柳恩久主編	220 元
16. 夕陽美功夫扇	李德印著	220 元
17. 綜合 48 式太極拳＋VCD	竺玉明編著	350 元
18. 32 式太極拳（四段）	宗維潔演示	220 元
19. 楊氏 37 式太極拳＋VCD	趙幼斌著	350 元
20. 楊氏 51 式太極劍＋VCD	趙幼斌著	350 元
21. 嫡傳楊家太極拳精練 28 式	傅聲遠著	220 元
22. 嫡傳楊家太極劍 51 式	傅聲遠著	220 元

・國際武術競賽套路・大展編號 103

1. 長拳　李巧玲執筆　220 元
2. 劍術　程慧琨執筆　220 元
3. 刀術　劉同為執筆　220 元
4. 槍術　張躍寧執筆　220 元
5. 棍術　殷玉柱執筆　220 元

・簡化太極拳・大展編號 104

1. 陳式太極拳十三式　陳正雷編著　200 元
2. 楊式太極拳十三式　楊振鐸編著　200 元
3. 吳式太極拳十三式　李秉慈編著　200 元
4. 武式太極拳十三式　喬松茂編著　200 元
5. 孫式太極拳十三式　孫劍雲編著　200 元
6. 趙堡太極拳十三式　王海洲編著　200 元

・導引養生功・大展編號 105

1. 疏筋壯骨功＋VCD　張廣德著　350 元
2. 導引保建功＋VCD　張廣德著　350 元
3. 頤身九段錦＋VCD　張廣德著　350 元
4. 九九還童功＋VCD　張廣德著　350 元
5. 舒心平血功＋VCD　張廣德著　350 元
6. 益氣養肺功＋VCD　張廣德著　350 元
7. 養生太極扇＋VCD　張廣德著　350 元
8. 養生太極棒＋VCD　張廣德著　350 元
9. 導引養生形體詩韻＋VCD　張廣德著　350 元
10. 四十九式經絡動功＋VCD　張廣德著　350 元

・中國當代太極拳名家名著・大展編號 106

1. 李德印太極拳規範教程　李德印著　550 元
2. 王培生吳式太極拳詮真　王培生著　500 元
3. 喬松茂武式太極拳詮真　喬松茂著　450 元
4. 孫劍雲孫式太極拳詮真　孫劍雲著　350 元
5. 王海洲趙堡太極拳詮真　王海洲著　500 元
6. 鄭琛太極拳道詮真　鄭琛著　450 元
7. 沈壽太極拳文集　沈壽著　630 元

・古代健身功法・大展編號 107

1. 練功十八法　蕭凌編著　200 元

2. 十段錦運動　劉時榮編著　180 元
3. 二十八式長壽健身操　劉時榮著　180 元
4. 三十二式太極雙扇　劉時榮著　160 元
5. 龍形九勢健身法　武世俊著　180 元

・太極跤/格鬥八極系列・大展編號 108

1. 太極防身術　郭慎著　300 元
2. 擒拿術　郭慎著　280 元
3. 中國式摔角　郭慎著　350 元
11. 格鬥八極拳之小八極<全組手篇>　鄭朝烜著　250 元

・輕鬆學武術・大展編號 109

1. 二十四式太極拳(附 VCD)　王飛編著　250 元
2. 四十二式太極拳(附 VCD)　王飛編著　250 元
3. 八式十六式太極拳(附 VCD)　曾天雪編著　250 元
4. 三十二式太極劍(附 VCD)　秦子來編著　250 元
5. 四十二式太極劍(附 VCD)　王飛編著　250 元
6. 二十八式木蘭拳(附 VCD)　秦子來編著　250 元
7. 三十八式木蘭扇(附 VCD)　秦子來編著　250 元
8. 四十八式木蘭劍(附 VCD)　秦子來編著　250 元

・原地太極拳系列・大展編號 11

1. 原地綜合太極拳 24 式　胡啟賢創編　220 元
2. 原地活步太極拳 42 式　胡啟賢創編　200 元
3. 原地簡化太極拳 24 式　胡啟賢創編　200 元
4. 原地太極拳 12 式　胡啟賢創編　200 元
5. 原地青少年太極拳 22 式　胡啟賢創編　220 元
6. 原地兒童太極拳 10 捶 16 式　胡啟賢創編　180 元

・名師出高徒・大展編號 111

1. 武術基本功與基本動作　劉玉萍編著　200 元
2. 長拳入門與精進　吳彬等著　220 元
3. 劍術刀術入門與精進　楊柏龍等著　220 元
4. 棍術、槍術入門與精進　邱丕相編著　220 元
5. 南拳入門與精進　朱瑞琪編著　220 元
6. 散手入門與精進　張山等著　220 元
7. 太極拳入門與精進　李德印編著　280 元
8. 太極推手入門與精進　田金龍編著　220 元

・少林功夫・ 大展編號 115

1.	少林打擂秘訣	德虔、素法編著	300 元
2.	少林三大名拳 炮拳、大洪拳、六合拳	門惠豐等著	200 元
3.	少林三絕 氣功、點穴、擒拿	德虔編著	300 元
4.	少林怪兵器秘傳	素法等著	250 元
5.	少林護身暗器秘傳	素法等著	220 元
6.	少林金剛硬氣功	楊維編著	250 元
7.	少林棍法大全	德虔、素法編著	250 元
8.	少林看家拳	德虔、素法編著	250 元
9.	少林正宗七十二藝	德虔、素法編著	280 元
10.	少林瘋魔棍闡宗	馬德著	250 元
11.	少林正宗太祖拳法	高翔著	280 元
12.	少林拳技擊入門	劉世君編著	220 元
13.	少林十路鎮山拳	吳景川主編	300 元
14.	少林氣功祕集	釋德虔編著	220 元
15.	少林十大武藝	吳景川主編	450 元
16.	少林飛龍拳	劉世君著	200 元
17.	少林武術理論	徐勤燕等著	200 元
18.	少林武術基本功	徐勤燕編著	200 元
19.	少林拳	徐勤燕編著	230 元
20.	少林羅漢拳絕技 拳功卷	高翔主編	230 元
21.	少林羅漢拳絕技 實戰卷	高翔主編	250 元
22.	少林常用器械	徐勤燕編著	230 元
23.	少林拳對練	徐勤燕編著	200 元
24.	少林器械對練	徐勤燕編著	200 元
25.	嵩山俞派金剛門少林強身內功	李良根著	220 元

・迷蹤拳系列・ 大展編號 116

1.	迷蹤拳（一）＋VCD	李玉川編著	350 元
2.	迷蹤拳（二）＋VCD	李玉川編著	350 元
3.	迷蹤拳（三）	李玉川編著	250 元
4.	迷蹤拳（四）＋VCD	李玉川編著	580 元
5.	迷蹤拳（五）	李玉川編著	250 元
6.	迷蹤拳（六）	李玉川編著	300 元
7.	迷蹤拳（七）	李玉川編著	300 元
8.	迷蹤拳（八）	李玉川編著	300 元

・截拳道入門・ 大展編號 117

1.	截拳道手擊技法	舒建臣編著	230 元
2.	截拳道腳踢技法	舒建臣編著	230 元
3.	截拳道擒跌技法	舒建臣編著	230 元

國家圖書館出版品預行編目資料

圖解腦與心的構造／永田和哉主編，小野瀨健人著，
林碧清譯　－初版－臺北市，品冠，2003（民92）
面；21公分－（熱門新知；3）
譯自：脳と心の仕組み
ISBN 978-9574681884（平裝）
1.腦 2.腦－疾病
398.916　91022000

圖解腦與心的構造　ISBN 978-957-468-188-4
主編者／永田和哉
著　者／小野瀨健人
譯　者／林碧清
發行人／蔡孟甫
出版者／品冠文化出版社
社　址／台北市北投區（石牌）致遠一路2段12巷1號
電　話／(02) 28236031・28236033・28233123
傳　真／(02) 28272069
郵政劃撥／19346241
網　址／www.dah-jaan.com.tw
E-mail／service@dah-jaan.com.tw
登記證／北市建一字第227242
承印者／傳興印刷有限公司
裝　訂／建鑫裝訂有限公司
排版者／千兵企業有限公司
初版1刷／2003年（民92年）2月
初版2刷／2009年（民98年）11月
定　價／230元

大展好書　好書大展
品嘗好書　冠群可期

大展好書　好書大展
品嘗好書　冠群可期